Nicola MUNK

Une piscine pour moins de 1000 euros !

Le concept *EasyPool* ®

© 2024

*À Stéphanie qui a contribué
à la concrétisation de ce projet*

AVANT PROPOS

En ces temps où tout le monde comprend l'importance de posséder une maison avec un petit jardin dans lequel on se sent bien, l'idée de construire une petite piscine peut sembler judicieux voire nécessaire pour bon nombre de personnes. Mais en général, qui dit piscine dit coût de construction élevé, forte consommation d'eau et d'électricité. Et pourtant, il y a une solution pour ne pas connaître ce genre de soucis en construisant soi-même une véritable petite piscine de rêve. Une piscine qui s'adapte à tous les terrains, à tous les budgets et bien souvent plus belle que les piscines classiques rectangulaires ou les piscines hors-sol, rondes ou carrées, qui défigurent bien souvent votre paysage.

Même si le projet peut sembler ambitieux, l'auto-construction d'une **piscine XS dans son jardin** est parfaitement envisageable avec un peu de bonne volonté, des connaissances simples et du matériel basique en maçonnerie (des bassines, des petites pelles, des pinceaux de tapisserie), un minimum de travaux, en appliquant un concept innovant et avec un budget réduit à 1000 euros maximum ! Ce prix abordable pour tous intégrant la construction du bassin, la filtration de l'eau et la réalisation des plages autour du bassin.

En général, les personnes qui proposent de construire une piscine sur terre utilisent toutes une **bâche PVC ou EPDM**… mais tout le monde le sait et tout le monde le constate : le rendu n'est jamais plaisant… Les bâches font toujours de gros plis et l'aspect final n'est jamais satisfaisant. De plus, les bâches sont souvent très glissantes et offrent une sensation de nage assez désagréable. En outre, elles on le défaut d'être très chères, pas toujours disponibles et très difficiles à découper, à assembler (collage) et à placer sur le sol. En prime, les coloris sont imposés. Par exemple, l'unique couleur disponible étant **le noir** pour la seule bâche vraiment solide et souple : la bâche EPDM. Les bâches PVC, quant à elles, sont certes disponibles en **bleu, gris, ocre,**

vert ou blanc mais sont moins souples, difficiles à placer et moins solides (moins de résistance au soleil et moins de résistance à la déchirure).

Dans ce livre, nous vous proposons une autre solution – certes encore moins orthodoxe que la bâche posée sur le sol – mais il s'agit ici d'une solution innovante, testée sur plusieurs années qui vous permet de réaliser vous-mêmes, très facilement, à moindre coût, une **belle piscine sur terre sans utiliser de bâche**. Pour ne pas choquer certains puristes pour qui le mot « piscine » semble être *sacré*, nous devrions plutôt parler ici de « **bassin d'agrément.** » Au cours de ce livre, vous trouverez la méthode et la liste des principaux achats nécessaires pour réaliser une piscine lagon XS (petite taille, non imposable) sur terre, sans utiliser de bâche et sans faire appel à des procédés complexes réservés aux professionnels. Vous découvrirez ainsi dans cet ouvrage, **une suggestion de « piscine idéale » en termes de coût, de simplicité et d'esthétique**.

Avant de vous lancer concrètement dans votre construction, lisez la totalité de cet ouvrage car certains conseils pourraient vous faire changer d'avis sur vos choix de formes, de dimensions, de filtration, etc. Inutile de vouloir aller trop vite ! La piscine peut être facilement construite en moins d'un mois. Si vous démarrez votre projet (premier coup de pelle) au début du mois de mai, votre piscine sera utilisable (mise en eau) dès le mois de juin !

MISE EN GARDE

Les informations fournies dans cet ouvrage sont des conseils pratiques pour vous aiguiller, à partir d'une expérience validée de création d'une véritable piscine sur terre en Normandie, qui a fait ses preuves et qui tient parfaitement la route après 3 années d'utilisation (3 étés et 2 hivers passés).

Bien évidemment, ce livre ne prétend pas fournir une solution idéale à 100% car, même si le concept *EasyPool®* permet d'aboutir à un bassin robuste, la solidité et la durée de vie du bassin dépendent bien souvent de la qualité du sol de votre région, des éventuels mouvements de terrain, des intempéries (fortes grêles, sols gelés), des fortes montées d'eau sous terre... mais ceci étant vrai pour toutes les piscines du monde ! Mais pour une construction rapide, simplifiée et un coût très raisonnable, qui ne ruinera personne, vous êtes déjà assurés d'avoir **un beau bassin aux parois lisses qui tient la route et qui *fait le job* pendant plusieurs années** ! La version la plus simple du bassin nécessite en réalité un faible investissement (500 euros seulement), mais il est possible de construire un bassin plus travaillé, plus élaboré pour un coût de 1000 euros maximum. Cela vaut donc le coup (et le coût) de se faire plaisir !

> Le concept *EasyPool®* est prévu pour des piscines de type XS (10-15 m²) et ne saurait se substituer à une conception classique de piscine dès lors que le bassin prend une surface supérieure à 15 m² ou que le bassin nécessite d'avoir des parois rectangulaires ou à angles droits.

L'auteur du concept *EasyPool®* – même s'il a testé et validé son procédé innovant – décline toutes responsabilités en cas de soucis liés à la réalisation de votre bassin. **L'auteur rappelle qu'il ne fournit ici que des conseils et une méthode de construction que vous êtes libres de suivre ou non, une méthode que vous pouvez adapter et faire évoluer selon vos propres idées ou vos propres connaissances en la matière.**

POUR COMMENCER…

« Piscine hors sol » vs « Piscine sur terre »

Qu'elle soit XS ou olympique, une piscine fonctionne toujours sur le même principe : un bassin, de l'eau, du chlore (ou équivalent), un brassage de l'eau avec une filtration. Concernant notre projet, le fonctionnement d'une piscine XS peut être calqué (en termes de calculs et de filtration) sur celui d'une piscine « hors-sol » qui serait enterrée.

Une piscine XS (10 m²) hors sol en bois de marque Azura : 4 000 € !

La piscine hors sol présentée ci-dessus est de 4m x 2,50m avec une hauteur de parois de 1,25m. Ces piscines peuvent être enterrées mais il faut dans ce cas compter, en termes de cout et de temps, la réalisation d'un trou à fond parfaitement plat (qu'il faut parfois bétonner) de 20 m² environ effectué par un professionnel sur une profondeur de 1,30m !

De plus, avec une structure en bois, il faut s'assurer de la protection des planches pour éviter qu'elles ne pourrissent… On arrive donc très vite à un coût de plus de 5000 euros ! Vous avez aussi des piscines hors sol qui sont en métal (souvent blanches) mais qui ne peuvent pas être facilement enterrées.

En comparaison, la solution *EasyPool*® proposée dans ce livre vous permet d'aller vers des configurations enterrées comme celles présentées ci-après pour un coût total de 1000 € :

Deux piscines de type « lagon »

> 🏠 Même si le concept pourrait fonctionner pour des petits bassins rectangulaires classiques (comme vous le verrez sur quelques exemples), **le concept EasyPool® est conçu et adapté pour des piscines de type « lagon »** comportant des <u>pentes douces</u> sans aucun angle prononcé.

Les composants d'une piscine classique

Comme évoqué ci-avant, nous allons nous positionner dans la même configuration qu'une piscine hors sol afin de simplifier grandement les points techniques qui se voient finalement réduits au nombre de 6.

Trois éléments techniques indispensables :

On utilise ces éléments quand on opte pour un circuit de filtration automatique tel qu'on le trouve sur la majorité des piscines hors sol de tailles conséquentes :
- La pompe avec son filtre intégré (filtre à cartouche ou à sable, alimenté par une prise classique de 220 V) :

- Les tuyaux de sortie d'eau (aspiration) et de retour (refoulement) reliés à la pompe d'une part et aux buses encastrées sur une même paroi de la piscine d'autre part
- Les robinets de fermeture du circuit d'eau (pour remplacer facilement les filtres ou pour nettoyer la pompe)

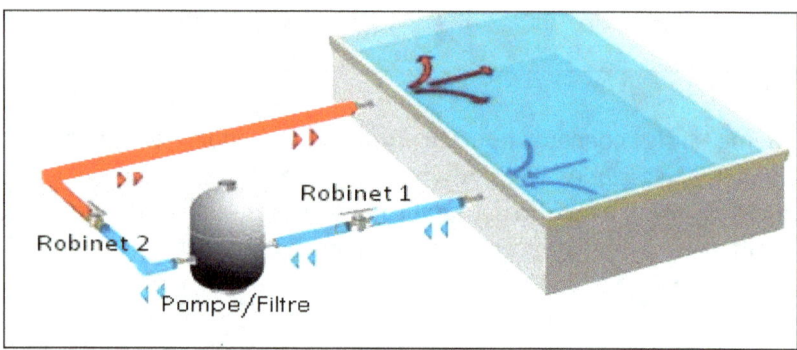

Fig. 1 - Le principe de fonctionnement le plus basique

La configuration de filtration prévue ici (calquée sur les piscines hors-sol) est dite « **monorive** » : les 2 tuyaux étant placés sur la même paroi par simplicité et afin d'éviter d'avoir de trop longs tuyaux pour le circuit d'eau.

Nous serons dans ce livre avec une filtration monorive avec 2 buses sans utiliser un skimmer qui rendrait trop complexe la réalisation et qui nécessite une paroi verticale, ce qui n'est pas prévu par le concept *Easy Pool®*.

ÉTAPE N°1 : L'EMPLACEMENT DE LA PISCINE

Nous devons trouver une zone dans laquelle il est possible de créer un bassin de type « lagon » avec ses plages. On choisira bien évidemment une zone plane (même s'il est tout à fait possible d'aplanir environ 30 m² d'un terrain en pente sans engin, avec pelle, pioche et brouette). Bien sûr, il faut respecter les règles d'emplacement qui s'appliquent à toutes les piscines :
- un terrain relativement plat **sur une terre non meuble** (c'est-à-dire bien dur, compacte et bien tassée)
- une zone isolée où il n'y a pas de gros écoulements d'eau ou susceptible de subir de forts glissements de terrain
- un emplacement ensoleillé au maximum de mai à octobre
- un emplacement avec un minimum de vis-à-vis des passants ou voisins
- un éloignement des arbres à feuilles caduques (sapins, pins, arbres à fleurs, cerisiers du Japon…) afin d'éviter de nettoyer sans cesse la piscine en surface et d'encombrer les filtres
- enfin, le bord du bassin (le bord de l'eau) doit être à une distance de 3 mètres de la clôture de votre voisin (réglementation 2022). Mais comme il s'agit d'un petit bassin a priori sans *pool house* (salle des machines, souvent bruyantes) et aux nuisances sonores très réduites, il est possible de « gagner » quelques centimètres si besoin. Si un bord de votre piscine XS se trouve à 2,50 mètres de la clôture et non à 3 mètres, cela ne devrait pas poser trop de soucis mais autant éviter les ennuis et commencer le trou à plus de 3 mètres du voisin autant que possible !
- une prise électrique sécurisée (avec masse et branchée au disjoncteur) doit être à proximité (elle alimentera la pompe)
- un tuyau d'arrosage arrivant jusqu'au bassin pour le remplissage
- un trou accessible, c'est-à-dire une zone facilitant l'installation de la pompe en contrebas, qui doit être placée au même niveau que le fond de la piscine (dans le cas où ceci n'est pas possible, il faut choisir une pompe spécifique comme nous le verrons ci-après)

La méthode *Easy Pool*® préconise une forme de type « lagon » :

Il faut prévoir une zone large de plus d'un mètre tout autour du bassin car les plages ont tendance à s'étaler dans cette configuration. Le dessin du contour au sol est alors plus simple et plus respectueux du paysage existant puisque la forme est courbe et plus libre (ovale, haricot, 8 ou cacahuète...)
Dans tous les cas : plus vos plages seront larges, plus la piscine sera sécurisée et l'eau salie (générées par les « éclaboussures » ou un éventuel débordement) risquera moins de revenir dans l'eau propre !
En outre, vous devez envisager d'avoir des pentes douces toutes autour du bassin.

> Bien que la forme « Lagon » soit préconisée, nous montrerons essentiellement ici les différentes étapes de construction pour une piscine rectangulaire qui a servi de prototype au concept.

Fig. 3 - Emplacement d'une piscine avec le tracé d'un contour rectangulaire effectué avec une simple bombe de peinture

ÉTAPE N°2 : LE PLAN DE VOTRE PISCINE

En fonction de ce que vous permet votre terrain, de la forme souhaitée (ou imposée par votre terrain) et de l'utilisation prévue de la piscine, vous allez déterminer la forme, la longueur et la largeur de votre bassin.

Un bassin de forme libre : la piscine « lagon »

La piscine de type « lagon » (appelée aussi piscine « oasis ») présente aussi de nombreux avantages au niveau de la solidité du bassin et la facilité de réalisation. De plus elle permet de créer une forme aux courbes libres. Dans ce cas, l'esthétique est privilégiée. Toutefois, comme nous l'avons évoqué plus haut, ces piscines trouvent plus volontiers leurs places entourées de palmiers plutôt que de pommiers et s'intègrent parfaitement dans des environnements méditerranéens, rocailleux ou tropicaux. Mais tout est permis en fonction de vos envies et une piscine lagon peut parfaitement trouver sa place dans un jardin à Lille, à Tours ou à Lyon !

Fig. 4 – Une piscine lagon de forme libre

L'envergure de la zone de terrain réservée pour la construction nécessite d'être bien prise en compte avant de creuser. Le coût de fabrication reste inchangé par rapport à une petite piscine rectangulaire (ou carrée) même si vous serez amenés à « étaler » un peu plus votre bassin et ses revêtements, comme on le comprend sur la photo suivante :

Fig. 4b - Piscine « lagon » circulaire aux larges plages (avec cailloux et gazon)

Si vous souhaitez rester dans le cadre de la législation des piscines non imposables, la partie mise en eau doit respecter les 10m² de superficie. Mais dans ce contexte, toute la partie non immergée (ou comportant une fine pellicule d'eau) peut être considérée comme étant une plage et, en toute logique, peut ne pas être comptée dans le calcul de la superficie.

Avec ce genre de forme libre, la surface finale obtenue de la zone du bassin « en eau » est un peu plus compliquée à estimer. Pour simplifier, votre eau doit tenir « en gros » dans un « cercle » de <u>4 mètres de diamètre</u> (soit un rayon de 2 mètres). Le calcul approximatif de la surface **S** étant dans ce cas le suivant :

Surface du Bassin = pi x R² = 3,14 x 2 x 2 = 12 m²

Le fond et la profondeur du bassin

Une fois que vous aurez défini les dimensions, vous pourrez à ce niveau, définir la future profondeur du bassin mais ceci n'a que peu d'importance à ce stade. La profondeur s'ajustera en fonction de vos capacités à creuser ! Mais attention cependant, il ne faut pas oublier qu'un mètre de paroi ne veut pas dire un mètre d'eau (ou 1m de profondeur). Avec un mètre de paroi, on ne peut remplir que 80 cm d'eau environ, le niveau d'eau arrivant, dans ce cas précis, au-dessus des jambes d'un adulte qui se tient debout.

L'idéal serait de viser 1,20 mètres de hauteur de paroi dans la partie profonde du bassin afin de baigner de 10 cm à 1 mètre d'eau.
Si l'on ne souhaite pas « nager », il n'est pas toujours souhaitable d'avoir une profondeur trop excessive pour quatre raisons :
- plus les parois sont hautes, plus la piscine est fragile
- plus les parois sont hautes, plus le volume d'eau nécessaire pour remplir la piscine est important
- plus les parois sont hautes, plus le travail de creusage sera long et fastidieux (avec un surplus de terre)
- plus le volume est important, plus il est difficile de chauffer éventuellement l'eau

Il faut aussi tenir compte du public qui va utiliser cette piscine pendant les 5 ans à venir par exemple. Pour des enfants de 3 à 10 ans, une hauteur de paroi de 1 mètre suffit largement. Pour des ados ou des adultes, on préférera effectivement une hauteur de 1m20 (1m30 max). De plus si votre unique but est de vous asseoir ou vous allonger dans l'eau pour vous rafraichir autour d'un verre, là aussi, une hauteur de paroi de 1 mètre au plus profond suffit largement !

Avec une piscine « lagon » de forme allongée, le fond peut donc, par exemple, partir d'une hauteur « 0 » (coté entrée dans l'eau) pour aller progressivement vers une « fosse » de 1 mètre de profondeur environ dans laquelle les enfants peuvent sauter sans souci et où les adultes peuvent être immergés entièrement en étant assis dans l'eau.

Le futur emplacement de la pompe

Si vous choisissez une filtration classique par pompe, vous devez choisir le coté des tuyaux et la zone la plus accessible où sera placée le filtre, sachant que la majorité des tuyaux du commerce fournis avec les pompes ont une longueur de 3 mètres en général. L'emplacement de votre pompe doit alors se situer à une distance de 2 à 2,5m du bord du bassin.

N'oubliez pas qu'une pompe conçue pour des piscines de type « hors sol » doit être placée au niveau du sol en ayant prévu un accès pour le branchement et le débranchement des tuyaux et surtout pour le remplacement du filtre. Il existe aussi des pompes qui ne nécessitent pas d'être placées au sol (pompes auto-aspirantes). On choisira idéalement le coté où l'eau est suffisamment profonde (vers l'arrière du bassin par exemple) où se trouve une prise 220 Volts à proximité pour éviter de faire courir d'inutiles rallonges autour de la piscine (les pompes sont en général vendues avec un fil électrique d'alimentation électrique assez long). Cette prise devant bien évidemment être raccordée à la terre et reliée à un disjoncteur adapté.

Conception de votre plan à partir d'une photo de votre terrain

Vous pouvez à présent dessiner, sur une photo réelle, votre futur projet afin de voir comment il s'intègre sur votre terrain et dans votre environnement.

Fig. 5 - Dessin approximatif d'un bassin rectangulaire sur une photo avec les dimensions réelles avec l'emplacement prévu pour la pompe en contre bas

Ceci permet de voir les différentes possibilités et de s'assurer que rien ne gêne dans la réalisation et l'utilisation de la piscine. C'est aussi à cette étape, une fois l'emplacement déterminé, que vous devez commencer à rêver, à vous projeter, à faire des dessins en imaginant les plages, les plantes, les aménagements qui feront de cette partie du jardin un enchantement pour vous et vos visiteurs.

 RETOUR D'EXPÉRIENCE – PREMIER BASSIN DE TEST

Pour ma part, ma première réalisation fut une piscine rectangulaire car je souhaitais que mon fils de 5 ans puisse y nager. J'ai d'abord réalisé ces deux « jolis » dessins aux feutres sur une feuille de papier qui m'ont motivé pour me lancer et qui m'ont permis d'avoir une première idée concrète du rendu de la piscine en devenir. Une première version avec une plage mixte bois/gazon artificiel et une autre version 100% bois avec dans les deux cas, des grosses pierres rondes sur un côté et un petit palmier :

Fig. 5a – Deux options de configuration pour le projet initial

Il s'avère, comme vous le verrez vers la fin du livre, que la première option sera choisie et que le projet final ressemblera assez au dessin initial !
Mais encore une fois, même si certains dessins ou photos montrent des exemples de piscine rectangulaire, le choix de la forme rectangulaire n'est pas ce qui est préconisé par la méthode décrite dans ce livre.

ÉTAPE N°3 : CREUSER LE TROU

En fonction de la dureté de votre sol, en fonction de l'accès à votre jardin, en fonction des personnes qui participent au projet, vous pouvez choisir de faire le trou avec pioches, pelles, seau et brouette ou bien en utilisant une petite tractopelle (qui se loue pour la journée chez Kiloutou ou Loxam) mais ceci augmentera un peu le cout de fabrication.

Quel que soit le moyen de creuser, vous devez avoir une solution pour **gérer la terre du trou et des tranchées**.

Plusieurs possibilités pour gérer la terre :

- Jeter la terre plus loin à chaque pelletée, qu'il faut régulièrement aller aplanir afin de ne pas avoir un énorme monticule (sauf si vous souhaitez en profiter pour réaménager votre jardin en ajoutant une petite bosse de terre remplie d'arbustes et de fleurs par exemple)
- Remplir la brouette et aller la vider plus loin (en la répartissant dans un coin du jardin ou en créant un monticule plus loin). Si vous évacuez la terre à la brouette, il faut prévoir un chemin simple pour faire passer la brouette remplie (qui est rapidement lourde !)
- Jeter la terre à côté du bassin et faire évacuer la terre après coup par un professionnel

Sachant qu'en creusant une piscine XS, on ne peut guère excéder les **15m^3 de terre à extraire**, cela ne représente pas une masse ingérable quelle que soit la manière dont vous la traitez.

Tout en creusant, essayer de toujours laisser les contours du bassin le plus plane possible (car ils forment la future plage).
Il faut s'efforcer de creuser quand le sol est bien sec. La terre humide étant très lourde et plus difficile à extraire du sol. Vous bâcherez donc le trou chaque fois qu'il pleut.
Les 50 premiers centimètres seront plus faciles à creuser. C'est après qu'arrivent les grosses pierres ou une terre (ou une argile) plus compacte (plus humide).

Fig. 6 - Une pierre trouvée à 70 cm sous terre créant inéluctablement un gros vide dans la paroi après son retrait. Vide qu'il faudra éventuellement reboucher avec de la terre (ou du mortier)

Une fois le trou terminé, il vous faudra éventuellement aplanir/raboter (voire combler si cela est vraiment nécessaire) les plages avec un niveau afin que les bords soient tous à la même hauteur ! Mais si votre terrain de base a bien été planifié avant le trou, vos plages doivent être déjà à niveau. Gardez bien en mémoire qu'on cherche à avoir des plages « bombées » (entourées de bosses ou « boudins » de terre) pour une meilleure gestion de l'eau et des saletés.

Fig. 7 – On devine les boudins de terre autour de ce bassin

 **RETOUR D'EXPÉRIENCE – UN TROU RECTANGULAIRE**

N'ayant pas un accès côté rue pour faire passer une machine, j'ai creusé seul mon volume de 4 x 2,5 x 1,1 soit pas loin de 11 m³ de terre - et de pierres ! - avec pioche, pelle et brouette. C'est tout à fait réalisable en solo ! Même s'il m'a fallu un peu de temps et s'il a fallu parfois utiliser une barre à mine pour casser ou extraire certaines pierres massives. Toutefois, si votre sol est vraiment trop rocailleux, un engin sera indispensable.

Fig. 8 - Début du creusage : pelle et pioche

Concernant l'évacuation de la terre : ayant un terrain en pente, j'ai simplement balancé au plus loin chaque pelletée de terre, toujours sur le même côté (celui de la pompe sur la photo n°5). Concernant la profondeur : faisant tout « à la main », je me suis arrêté à un 1,1m de profondeur, ce qui s'est avéré être un peu juste à l'utilisation mais a eu l'avantage de ne représenter que 11 m³ de terre (et accessoirement, de ne pas être trop profond pour des enfants de 5 à 10 ans, auxquels cette piscine était destinée). J'ai choisi une forme simple rectangulaire à bords droits et j'ai choisi de laisser en creusant, sur le côté d'accès à l'eau, un « banc » de terre pour entrer sans échelle dans l'eau via cette sorte de large marche. J'ai aussi laissé dans le fond un « siège » orienté au soleil pour s'asseoir dans l'eau pour lire ou en boire un verre.

Après 20 jours (en creusant quelques heures par jour), le trou commençait à ressembler à quelque chose. On aperçoit le large « banc » d'accès au premier plan, le « siège » au fond à droite et des gros trous dans le bas des parois provoqués par le retrait de grosses pierres inattendues :

Fig. 9 - Le trou 4x2,5x1,1 en cours après 20 jours

La configuration recommandée : le lagon !

La forme rectangulaire avec des bords relativement droits, une échelle, etc. n'est pas adaptée pour cette méthode (les angles étant générateurs de fragilités, les parois verticales étant difficile à enduire). De plus, de nos jours, une piscine classique ne semble pas très innovante ni esthétique et respecte plus difficilement le paysage (et l'environnement). Nous insistons donc sur le fait de créer un trou (plus large et moins profond) aux pentes douces comme celle présentée ci-dessous :

Dans ce cas de figure, le trou est plus simple à creuser, les couches de revêtement (expliqué plus loin) sont plus faciles à poser (meilleure adhésion sur une pente douce que sur une pente verticale) et l'ensemble est moins sujet aux mouvements de la terre. Tout bassin en général étant surtout plus fragile au niveau des angles et des bords, cette question ne se pose plus pour une piscine à pente douce.

En fonction de la forme donnée, la plage peut-être en partie immergée. Gardez à l'esprit qu'il faut néanmoins prévoir de s'enfoncer assez vite dans l'eau (avec une pente douce d'accès mais suffisamment prononcée) car l'envergure de la piscine est assez limitée (puisque nous sommes ici dans le contexte d'une petite piscine non imposable de 10/12m² max.). Si votre but est d'avoir un joli petit bassin pour se rafraichir, une entrée progressive dans l'eau, pouvoir s'allonger dans l'eau tout autour du bassin, sans trop de profondeur, avec une meilleure sécurité pour les enfants, cette configuration est idéale.

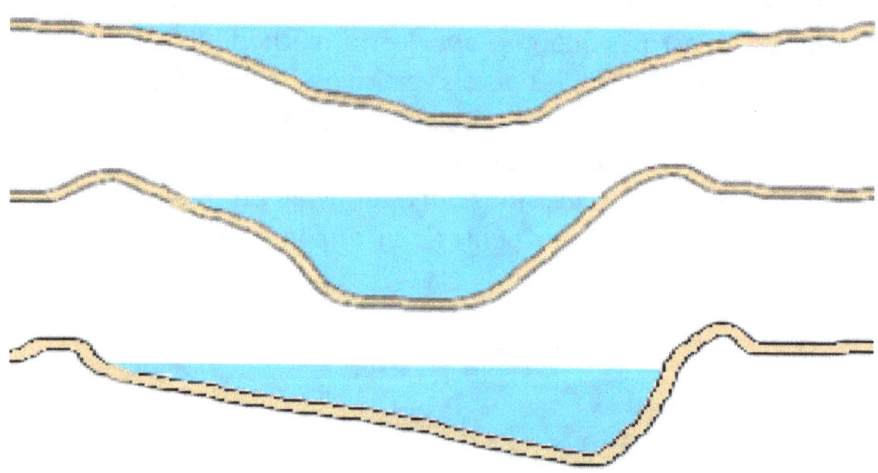

Fig. 10 - Exemples de formes de trous pour une petite piscine lagon.

ÉTAPE N°4 : CHOIX DU SYSTÈME DE FILTRAGE

À ce stade, vous n'avez pas tout à fait fini de creuser mais avant cela vous devez choisir la manière dont vous allez filtrer votre eau et brancher, le cas échéant, votre pompe de filtrage/brassage car ce choix conditionne **le creusage des tranchées qui accueillent les tuyaux**.

LA FILTRATION, POUR QUOI FAIRE ?

Le système de filtration est un circuit d'eau fermé. La filtration écrème les plus grosses impuretés visibles et, par un long brassage, évite à l'eau de virer (en évitant qu'elle ne devienne verte). Cette filtration mécanique ne sert pas à lutter contre les parasites microscopiques, les champignons et autres bactéries mais elle contribue au nettoyage de l'eau.

AUCUNE FILTRATION MÉCANIQUE : C'EST POSSIBLE ?

Avant de lire la suite, il faut savoir que si votre utilisation de la piscine (qui reste une petite piscine) n'amène pas l'eau à se salir outre mesure... vous avez l'option peu orthodoxe de ne pas mettre de système de filtrage !
Dans ce cas, vous ne pourrez tout de même pas couper à ces points cruciaux :
- changer régulièrement toute votre eau au cours de l'été (1 fois par mois par exemple)
- mettre régulièrement du chlore ou du brome
- prévoir un produit anti-algues
- vérifier et corriger le pH de l'eau (c'est-à-dire son acidité) qui doit être autour de 7
- nettoyer régulièrement l'eau avec une épuisette de surface (ou toute autre épuisette au maillage fin)

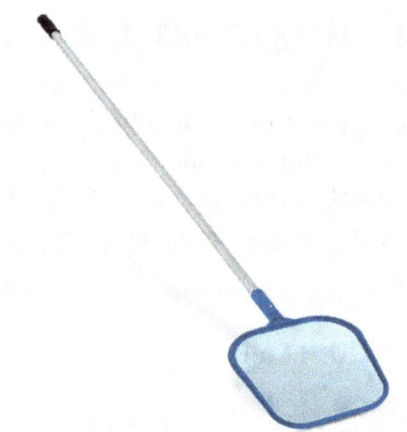
L'indispensable épuisette de surface

- utiliser une brosse de fond (qui permet de récupérer les dépôts au fond du bassin) voire un petit aspirateur de piscine autonome
- couvrir la piscine avec une bâche qui protège l'eau des feuilles, des déchets et des insectes mais qui permet néanmoins une bonne aération de l'eau
- prendre une douche systématiquement avant toute baignade

UNE VERSION (TRÈS) SIMPLIFIÉE DU SYSTÈME DE FILTRATION

Si vous souhaitez malgré tout filtrer (brasser) votre eau sans vous compliquer la vie lors de la construction (et notamment sans devoir creuser deux tranchées dans la paroi pour faire passer les tuyaux), il existe des solutions de filtrage simples.

Solution n°1 : l'aspirateur manuel ou le robot électrique

Ces aspirateurs sont autonomes et sécures grâce une batterie rechargeable à faible voltage. L'aspirateur vient en complément de l'épuisette et vous permet de nettoyer les saletés déposées au fond. Le cout de ces engins s'ajoute alors à votre budget mais restent très abordables.

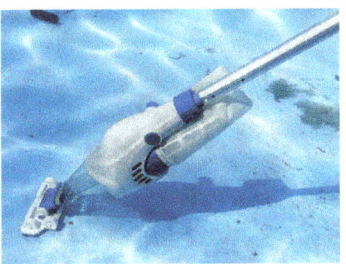

Fig. 11a – Aspirateur autonome à batteries - Gre VCB10 Electric - 135 €

Fig. 11b – Robot électrique autonome - EDENEA ORCA - 229 €
(Vérifiez que votre robot pourra gérer vos pentes)

Solution n°2 : le filtre externe de bassin

Un filtrage en extérieur que l'on branche le soir ou le matin, une heure avant la baignade par exemple.

Fig. 11c – Pompe externe pour bassin

Une piscine XS n'excédant pas les 15m^3, il suffit d'avoir un filtre externe de bassin supportant 15 000 litres. Voici par exemple la référence d'une pompe externe faite pour filtrer un bassin allant jusqu'à 15 000 litres (300 € environ) :

Fig. 11d - La pompe de Filtration PONTEC 50753 PondoPress 5000 (200 €)

> **Avantages :** filtre l'eau sans modifier la structure du bassin
> **Inconvénients :** une filtration peu orthodoxe pour une piscine, l'appareil encombre les bords de la piscine s'il n'est pas rangé chaque soir, prix plus élevé qu'une pompe avec buse et tuyaux encastrés, nécessite de passer souvent l'épuisette de surface.

Solution n°3 : le bassin naturel

Préconisé par les écologistes, ce type de bassin, filtré uniquement par les plantes, demande une connaissance assez poussée et une gestion assez rigoureuse et délicate de la flore. Cette option reste une possibilité qui simplifie la construction pour purifier votre eau sans aucun filtre (mais aussi sans aucun produit chimique). Mais ce type de bassin nécessite en général une envergure bien plus grande que 10 m^2 et demande des connaissances en botanique aquatique et un suivi précis de la flore.

Fig. 11e - Un bassin naturel adapté à une forme de type « lagon »

CONFIGURATION AVEC UNE FILTRATION « CLASSIQUE »

Si vous optez pour une filtration de bassin de type « hors sol » plus traditionnelle mais plus complexe à mettre en place, nous préconisons une filtration simple, appliquée sur les piscines hors-sols, avec deux buses (l'utilisation d'un skimmer étant possible mais plus complexe et moins adaptée aux pentes douces)

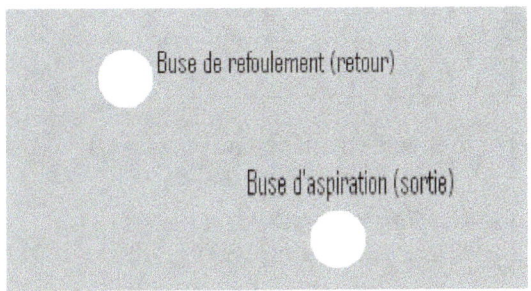

Position des buses sur la paroi oblique

Vous optez pour une configuration calquée sur les filtrations à deux buses entrée/sortie des piscines hors-sol dont le volume d'eau n'excède pas les 20 m³, ce qui est bien notre cas. Nous avons ici un premier tuyau branché à une crépine d'aspiration (une buse munie d'une grille en plastique) placée en bas de la paroi qui aspire l'eau et un second tuyau branché à une buse de refoulement à mi-hauteur de la paroi qui retourne l'eau filtrée/brassée. On s'efforcera de caler les buses sur la paroi de façon à ce qu'elles arrivent bien perpendiculaire dans l'eau.

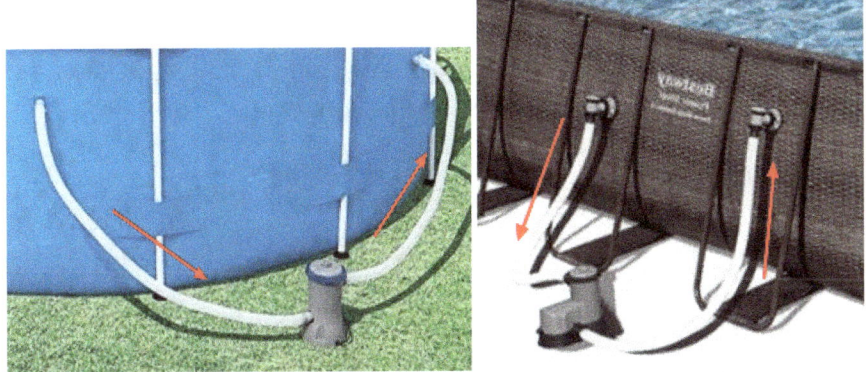

Fig. 12 - Filtrations simples pour des « grandes » piscines hors-sol

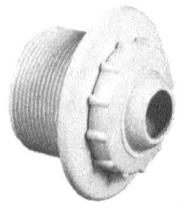

Buse de sortie (refoulement) avec sa bille de direction orientable

Crépine d'aspiration avec sa grille

> **Avantages d'une configuration à deux buses :**
- Simplicité du système
- Coût réduit (pas de skimmer à acheter, cette option requiert uniquement **les buses d'aspiration et de refoulement qui sont souvent fournies avec la pompe et ses tuyaux, assurant une parfaite compatibilité de tout l'ensemble**)
- Possibilité de mettre des buses plus esthétiques
- Aucune inquiétude sur le niveau d'eau possiblement trop bas
- Ne demande pas d'avoir une paroi verticale
- Possibilité de créer « un jet de massage » si l'emplacement le permet

> **Inconvénients des deux buses :**
- une filtration peut-être moins efficace qu'avec un skimmer et son panier (l'eau est toutefois filtrée au niveau de la pompe : filtre papier ou filtre à sable)
- l'obligation de faire deux trous pour les buses et deux fines tranchées séparées dans la terre à des profondeurs différentes pour raccorder les tuyaux

RETOUR D'EXPÉRIENCE – LA FILTRATION

Pour mon premier prototype de piscine XS, conçue avec le concept EasyPool®, afin de coller au plus près d'une configuration classique de piscine encastrée et pour avoir une gestion simple du chlore, j'ai choisi de mettre un authentique skimmer.

Fig. 13 - La « console » skimmer et buse de refoulement de la piscine

J'ai commandé en ligne un skimmer de piscine classique sur Amazon (39 euros), qui fonctionne très bien. Il était livré avec une buse de refoulement (qui est celle que j'ai utilisée).

 ERREURS À ÉVITER POUR LA FILTRATION

Le choix d'installer un skimmer s'est avéré ne pas être très utile. En prime, j'ai dû ajouter une trappe pour avoir un regard sur le dessus du skimmer. Un brassage de l'eau avec un système de 2 buses aurait largement suffi pour cette dimension de piscine d'autant que j'utilise volontiers mon épuisette pour retirer rapidement les petites et gros détritus en surface (depuis le bord ou directement en étant dans l'eau !). De plus, je jette volontiers les galets de chlore directement dans l'eau ou je les place dans un flotteur diffuseur, ce qui fonctionne très bien. En outre, la surveillance du niveau de l'eau liée au skimmer est assez contraignante (l'eau ne doit être ni trop haute ni trop basse par rapport à une ligne de démarcation). Avec deux buses, ce problème n'existe pas. En conclusion, pour ce genre de piscine XS, un skimmer n'est pas indispensable et un système à deux buses sans skimmer fait parfaitement l'affaire d'autant que la crépine d'aspiration dispose toujours d'une grille qui évite aux gros détritus – qui sont rares sous l'eau – d'aller dans la pompe, si le travail à l'épuisette n'a pas été fait en amont.

AUCUNE FILTRATION, C'EST VRAIMENT POSSIBLE ?

L'option avec deux buses semble largement suffisante pour retrouver une filtration simple et efficace à l'instar des grosses piscines hors sol. Mais si vous souhaitez faire encore plus simple, plus rapide et encore moins couteux, vous pouvez vous contenter de créer un bassin « sans aucune filtration mécanique intégrée », avec un suivi régulier du chlore et du pH, de l'anti-algues, un nettoyage quotidien à l'épuisette, à l'éponge, un aspirateur électrique et un bâchage systématique durant la nuit. Ceci suffit largement pour nos dimensions de bassins XS et pour l'utilisation de ce type de piscine. **D'autant que le remplacement régulier <u>de toute l'eau</u> ne coûte pas trop cher quand on a un maximum de 15 m^3 d'eau (soit 15 000 litres).** De plus la construction est grandement facilitée et **la structure est moins fragilisée par les tranchées sur les côtés et les trous de buses.** Vous pourrez bien évidemment ainsi choisir après coup de transformer votre piscine en bassin naturel (figure 9c), en revanche, il sera bien plus compliqué d'intégrer une pompe après construction du bassin sauf si vous optez pour une filtration externe (Cf. figures 9a et 9b). La question de la vidange de la piscine se pose dans ce cas, notamment si l'on souhaite remplacer l'eau ou lorsqu'on veut mettre le bassin à sec en fin de saison (nous verrons plus loin ce point concernant la vidange pouvant être réalisée à l'aide d'une petite pompe dans ce cas précis).

Choix de la pompe de filtration

À ce stade du projet, vous devez commander la pompe. Les pompes de piscines hors-sols varient en fonction :
- du filtre papier ou du filtre à sable
- de la taille des tuyaux (32 ou 38 mm)
- de la puissance du moteur (mesurée en m³/h ou litre/h)

Une cartouche de filtre papier de type B

Pour cette catégorie de piscine, **une pompe avec un débit de 5 à 10 m³/h** est suffisante. Ces pompes sont prévues pour filtrer des volumes allant jusqu'à 30 m³ maximum. Sachant que nous ne dépassons guère les 15 m³ avec nos piscines XS.

Cet article Intex 163903 Pompe externe filtre cartouche piscine max 31,805 l 56634 / 28634
188,00 €

INTEX - Épurateur à cartouche 5,7m3/h
122,63 €

Pompe de Filtration Bestway Flowclear 9.463 l/h Multicolore
159,29 €

Exemples de pompes disponibles sur Amazon

Nous vous conseillons la marque **INTEX** qui semble présenter une offre plus large avec des accessoires plus facilement disponibles et que l'on peut trouver un peu partout (Amazon, Carrefour, Leroy-Merlin, Truffaut...). Par simplicité d'utilisation, la filtration par cartouches (papier) semble être aussi le choix le plus judicieux et le plus simple. L'important étant que la pompe ait un débit suffisant. Il vaut mieux une pompe un peu plus puissante qu'une pompe « juste » qui ne filtrera pas bien.

Pompe à cartouche INTEX à 7,2 m^3/h - 130 € sur Amazon

Vous devrez aussi idéalement prévoir une grosse « caisse » imperméabilisée, posée sur le plat, pour **isoler et protéger votre pompe** (qui jouera le rôle de mini *pool-house*) avec des trous pour le passage des tuyaux et du fil d'alimentation vers le 220 volts (sécurisé, sur disjoncteur, connecté à la terre).
ATTENTION : si vous ne pouvez pas placer une pompe bien accessible de type « hors sol » **au niveau du sol** (c'est-à-dire, pas au niveau des plages mais plus bas) pour les raisons suivantes : pas de place, accès trop difficile, trou pour la pompe impossible ; vous pouvez revenir vers une solution sans pompe ou bien choisir une pompe dite « AUTO-ASPIRANTE » (ou auto-amorçante) qui peut se placer en hauteur (au niveau des plages) par rapport au fond (on peut citer la pompe GRE PP076 de 8m^3/h à 140 € qui fonctionne avec un filtre à sable).
Mais la plupart des petites pompes classiques de piscine hors sol telles que celles utilisées ici ou fournies par les grands magasins, ne sont pas auto-aspirantes et doivent donc être placées sous le niveau de la 1ere buse d'aspiration (qui est la plus basse).

Pompe Gre PP076 - 0,75 cv monophasée 8 m3/h

Pompe de filtration PP076 pour piscine hors-sol Gre.

- Puissance : 0,75 cv monophasée
- Débit d'eau : 8 m3/h
- Pompe de filtration auto-amorçante
- Pré-filtre incorporé avec couvercle transparent
- Compatible traitement au sel et eau de mer
- Garantie : 2 ans

139,00 € ttc

NOTA BENE : Avant de faire vos trous pour les buses, regardez bien comment sont disposées les entrées/sorties des tuyaux au niveau de votre pompe (une fois placée et calée dans sa position accessible définitive) **pour éviter de croiser inutilement les tuyaux !**

LES VANNES D'ARRÊT

Afin de pouvoir changer votre filtre, il est pratique de fermer les tuyaux. Dans notre configuration, ces robinets ne peuvent être placés qu'autour de la pompe et non sur les bords du bassin (comme cela est le cas des piscines hors-sol).

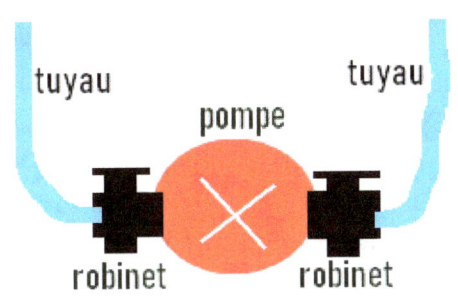 

Les vannes d'arrêts (robinets) vissées autour des entrée/sortie de la pompe
À droite, une vanne d'arrêt Intex - 15 € sur Amazon

 **RETOUR D'EXPÉRIENCE – LA POMPE**

Pour le premier prototype, j'ai choisi une pompe relativement puissante (9000 litres/heure soit 9 m3/h) pour être certain de bien sentir les flux d'eau et ne pas être déçu par un débit trop faible ! J'ai voulu choisir une pompe livrée avec ses tuyaux et ses buses. La marque Bestway me paraissait robuste. Les tuyaux livrés avec la pompe semblaient gros et solides. Mais hélas ces tuyaux ne s'adaptaient pas bien aux autres accessoires du commerce notamment au skimmer. **L'idéal étant donc d'avoir des éléments compatibles qui se « vissent » tous entre eux.** Autre surprise, les buses fournies par Bestway avec la pompe ne se vissaient pas directement aux tuyaux !

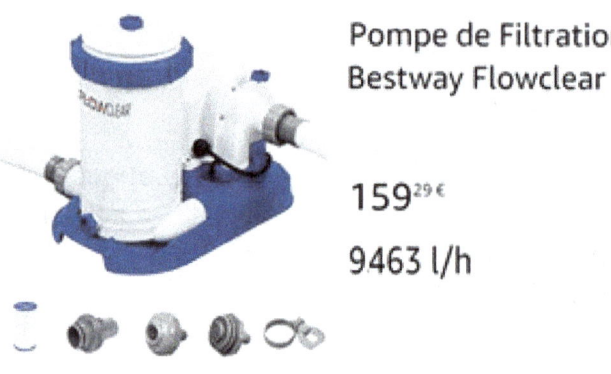

Pompe de Filtration
Bestway Flowclear

159$^{29€}$

9463 l/h

Pour finir, des **vannes d'arrêts,** pourtant si utiles, permettant de fermer les tuyaux en entrée et sortie de pompe, semblent être disponibles uniquement chez INTEX. **Autant donc choisir directement, comme annoncé plus haut, la marque INTEX pour la pompe, une marque plus universelle** où tous les éléments semblent a priori être plus simplement compatibles (tuyaux, buses, vannes, chauffe-eau).

La pompe Bestway Flowclear est - malgré ses défauts d'incompatibilité - très efficace, peu bruyante et crée un véritable flux puissant en sortie de buse. J'ai placé la pompe, au même niveau que le fond du bassin, à la distance maximale que m'autorisait les deux tuyaux fournis et je l'ai protégée dans une grosse boite que j'ai isolée de la pluie avec une petite bâche en plastique.

Pour résumer : quelle que soit la pompe choisie, elle doit avoir **une puissance suffisante pour 15/20 m3 d'eau (7000 l/h ou 7m³/h par exemple) et des diamètres de tuyaux (et de vissage) compatibles avec tous vos buses** mais aussi avec les accessoires optionnels (chauffe-eau, vannes, robinets bypass).

Conseil : on pourra chercher à se tourner – si possible – vers un kit complet (pompe, 2 tuyaux, 2 buses et 2 vannes) où tout s'emboite et se visse directement sans adaptateurs.

Vider ou Remplacer l'eau

En fin ou début de saison ou lors d'un renouvellement complet de l'eau, vous pouvez envisager de vider le bassin par plusieurs moyens :

1) avec une **pompe avec moteur** pour eaux claires qui se branche sur le 220v. On trouve par exemple sur Amazon la pompe Black & Decker submersible pour Eaux Claires (250 W, Débit max. 6000 l/h, Hauteur d'élévation 6 m) au prix de 33 euros. On trouve aussi ce type de pompe chez LIDL (400W) ou Brico Dépôt dans un même ordre de prix.

Pompe Black&Decker 250W (33 €/Amazon) ou Lidl Parkside 400W (35 €)

2) avec une **pompe manuelle** (utile notamment si vous n'avez pas de courant à proximité) qui permet d'évacuer un fond d'eau avec une capacité d'1 litre tous les deux coups de pompe. On pourra voir par

exemple la pompe à main à piston - débit 0,50 litre par coup de pompe, fournie avec 3 embouts télescopiques allant de 69 à 98cm et un flexible de dégorgement de 2m :

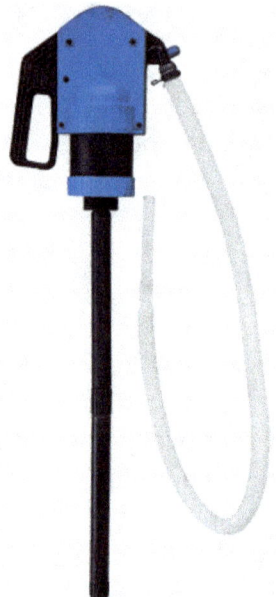

La pompe à main Greenstar (27 €)

3) en plaçant, lors de la conception du bassin, la buse inférieure fixée assez bas sur la paroi pour vider le maximum d'eau via le tuyau relié normalement au filtre puis en finissant « d'écoper » avec une simple **bassine** (ou la petite pompe présentée ci-dessus) l'eau qui stagne sous le niveau de la buse.

ÉTAPE N°5 : LES TRANCHÉES POUR LA FILTRATION

Si vous avez opté pour une filtration classique, vous devez créer, sur le côté choisi pour la filtration :
- deux tranchées étroites pour les deux tuyaux éloignés à la distance maximale que vous autorise la courbe de vos tuyaux
- un trou supplémentaire, à deux mètres environ (selon la longueur de vos tuyaux) environ de la piscine, permettant de poser la pompe au sol (au même niveau que le fond). Sauf si votre pompe est auto-aspirante.

Dans les deux cas, les tuyaux (une fois entourées de gaines cannelées de protection anti-écrasement) doivent aboutir à un même point, en gardant une certaine souplesse de manipulation pour les brancher à la pompe. Ils doivent atteindre un point situé idéalement au niveau du sol de la piscine.

AVANT DE CREUSER VOS TRANCHÉES : **vous devez placer vos tuyaux en bord de bassin et concevoir la trajectoire et la longueur de vos tranchées de manière à ce que les tuyaux puissent se rejoindre à termes au niveau du sol. La longueur et la souplesse de vos tuyaux définissent l'emplacement possible des buses et l'éloignement maximal de la pompe** (voir la figure 12 ci-après). Pour éviter le trou supplémentaire d'accès à la pompe, il faut se tourner vers une pompe, un peu plus chère, qui ne demande pas d'être calée au niveau du fond (pompe auto-aspirante).

> Les deux tranchées étroites

Commencez par marquer les emplacements des deux buses en prenant exemple sur des piscines hors sol rectangulaires de même longueur (une piscine de 4 mètres par exemple). Concernant les buses sur la paroi, vous constaterez que selon les piscines, leur position en hauteur ainsi que l'écart entre elles peuvent varier sensiblement. Mais globalement on retrouve toujours sensiblement la même configuration. Vous devez créer dans la paroi une première tranchée de 15/20 cm de largeur et profonde qui contiendra la crépine d'aspiration, son tuyau et la gaine. Cette buse N°1 doit arriver assez bas sur la paroi (par exemple à 20 cm au-dessus du fond du bassin) car elle pourra jouer aussi le rôle de buse de vidange.

Fig. 14 - Une piscine hors sol avec ses 2 tuyaux et sa pompe obligatoirement posée au niveau du sol du bassin

Vous devez ensuite creuser la seconde tranchée de 20 cm de largeur (mais moins profonde) suffisamment loin de l'autre tranchée pour éviter de fragiliser toute la paroi. L'écart horizontal entre les buses peut être de 1,5 m à 2m. Cette buse de refoulement doit être placée sur le haut de la paroi en laissant 30 à 40 cm au-dessous du bord. Toutefois la tranchée du haut pour cette buse peut être creusée en pente pour que le tuyau qu'elle contient puisse rejoindre le premier tuyau au niveau du sol (à l'emplacement de la pompe à laquelle se connecte les tuyaux de part et d'autre).

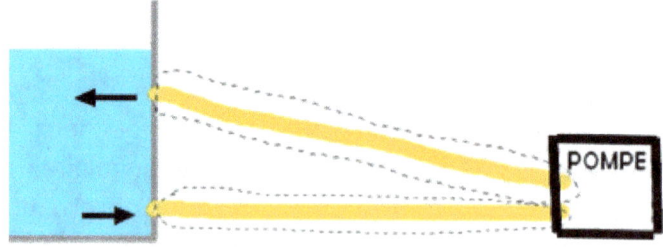

Fig. 14a - Les deux tranchées qui font la jonction entre la paroi et la pompe

Les deux tranchées se rejoignent donc vers le sol, pour se connecter à la pompe située dans une zone dégagée en arrière de la paroi à environ 2m (ceci en fonction de la longueur autorisée par les tuyaux fournis avec la pompe).

Fig. 15a - Emplacements des buses et des tranchées pour les deux tuyaux
Les buses sont ici placées sur la paroi la plus verticale

Une fois les trous et tranchées réalisés, vous pouvez découper des carrés de 20x20cm de polystyrène extrudé épais afin de réaliser des mini-consoles carrées qui vont vous aider à **caler vos buses dans la terre**. Il faut ensuite encastrer les buses dans le polystyrène découpé en cercle à cet effet et y insérer les buses.

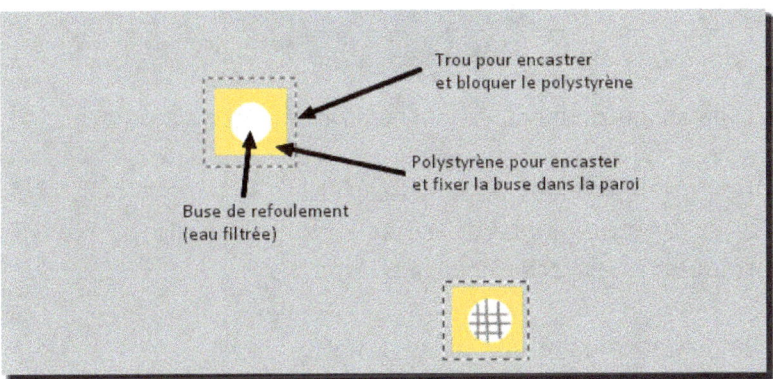

Fig. 15b - Paroi interne avec les deux buses fixées dans le polystyrène, lui-même encastré dans la terre. La crépine d'aspiration est placée au plus bas

> Ce système de calage des buses peut paraitre un peu « faiblard » a priori mais ces mini-consoles de polystyrène extrudé seront bien évidemment maintenues et fixées d'abord par un peu de terre de maintien en remblai autour et derrière et ensuite par du ciment ! Et les buses seront, elles aussi, mastiquées (et étanchéifiées) lors de la phase finale de fixation avant la couche finale de revêtement.
>
> Si vos pentes sont très douces, vous pouvez, choisir de caler vos buses (consoles) plus verticalement en créant des petits renfoncements dans votre paroi.

Connexion des tuyaux à la pompe

Vous devez ensuite brancher vos deux tuyaux aux buses puis les faire passer dans **une gaine ou tuyau de protection annelé rigide** (choisissez un diamètre adapté pour que tuyaux et viroles de serrage passent dedans), pour les faire venir au point de rencontre où sera située la pompe :

Tuyau annelé pour empêcher l'écrasement des tuyaux (10 à 15 €)

La configuration avec les deux buses facilite la connexion à la pompe car les tuyaux ont alors une course plus naturelle et plus flexible permettant de relier facilement la pompe.

Exemple de console sur une paroi oblique

Sur la photo ci-après, nous avions choisi une filtration avec buse et skimmer. Le polystyrène extrudé a permis de caler les éléments et de corriger la pente de la paroi qui aurait dû idéalement être bien verticale (et non oblique) pour ce type de configuration, surtout au niveau du skimmer qui se pose bien droit. Il a donc fallu créer un renfoncement pour le skimmer afin d'assurer sa verticalité.

La console ici n'est pas optimale mais le résultat reste efficace (une fois le tout remblayé et consolidé par de la terre puis du ciment lors d'une étape à venir).

Fig. 16 - Console « skimmer+buse » et tranchée vers la pompe en contre-bas. La console est placée sur la paroi la plus haute, face à l'entrée du bassin.

Sur la photo, les éléments sont calés (un tuyau gris remplace temporairement la buse de refoulement) et attendent d'être définitivement bloqués par du mortier qui viendra recouvrir et combler l'ensemble. Les buses et le skimmer étant collés et mastiqués (étanchéité) en phase finale, avant la dernière couche d'enduit ou de peinture.

Il est ensuite temps de raccorder les tuyaux en les protégeant dans des gaines annelées de chantier plus larges pour éviter l'écrasement des tuyaux sous terre (Cf. figure 15).

Les tuyaux qui vont aux buses doivent être collés ou vissés de manière étanche aux buses déjà prêtes et fixées elles aussi sur leur « console » carrée. On cale et fixe les buses entièrement montées à leur place dans la terre. On s'aide de terre mouillée pour bien mettre les éléments en place. On laisse un peu de jeu à la buse et son tuyau afin de pouvoir la fixer définitivement et faire l'étanchéité tout autour le moment venu à l'étape N°8.

La configuration en console complique un peu la connexion des tuyaux à la pompe, il faut éviter de donner un trop grand angle de torsion aux tuyaux gainés.

 RAPPEL POUR LA BUSE INFERIEURE

Si vous souhaitez, à la toute fin, vider manuellement ou avec une petite pompe externe les résidus d'eau au fond de votre piscine, il est judicieux de placer la buse inférieure de façon à ce qu'elle soit assez **près du sol** afin de permettre à l'eau de s'évacuer via le tuyau relié à la pompe. Cette position basse de la buse étant d'autant plus adaptée si la buse inférieure est celle d'aspiration. Si le fond de la piscine est en pente, on placera la buse d'aspiration (la plus basse) dans la partie la plus profonde où l'eau risque de stagner le plus.

ÉTAPE N°6 : FINALISATION DU TROU ET DES PAROIS

À ce niveau de la construction, le trou a désormais sa forme et sa taille définitives mais présente encore des irrégularités :
- soit vous avez réalisé deux tranchées pour fixer vos deux mini-consoles avec chacune une buse entrée / sortie
- soit vous avez choisi de laisser vos parois vierges, sans tranchée ni trou (pour avoir un bassin simple, sans filtration automatique intégrée)

Combler les trous et les aspérités

Les trous générés par les chutes de terre, par les énormes pierres et, le cas échéant, par les trous pour les consoles, doivent être comblés dans un premier temps par de gros paquets de terre mouillée que vous projetez à la main, à la pelle, etc... et qu'il faut tasser et lisser afin d'obtenir une paroi de base relativement propre et régulière, **sans trous ni bosses**. Si vous ne parvenez pas à combler totalement un trou dans la paroi, il sera comblé plus tard plus facilement à l'étape N°8 (mais il faut s'efforcer de tout boucher au mieux et d'avoir des surfaces « régulières » dès cette étape).

 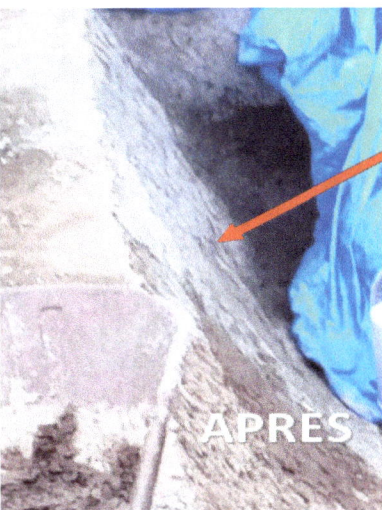

Fig. 17 - Trous de pierre et aspérités à combler avec de la terre humide projetée sur une paroi à pente prononcée

Si vous avez choisi, malgré tout, une petite forme « classique » quasi rectangulaire, vous devez dans tous les cas opter pour une configuration de bassin à parois obliques comme l'exemple ci-dessous :

Fig. 18a – Forme rectangulaire avec parois obliques et angles arrondis

Une configuration oblique des parois facilitera la pose des ciments et enduits par la suite et assurera une meilleure assise à votre structure.

Si vous avez opté pour la forme lagon recommandée, le problème des parois trop verticales ne se pose pas :

Fig. 18b - Forme lagon préconisée avec les 2 buses

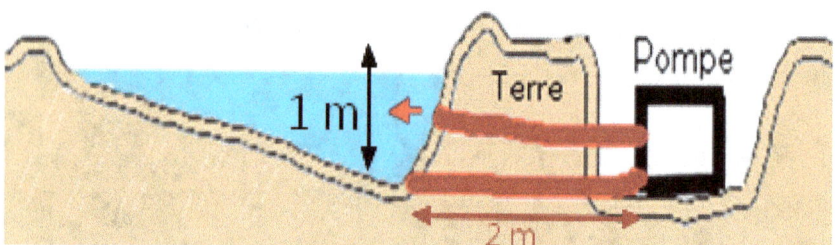

Fig. 19 – Une forme lagon avec 2 buses et l'emplacement de la pompe à environ 2 mètres, posée au niveau du fond du bassin

RETOUR D'EXPÉRIENCE - FINALISATION DU TROU

Pour le prototype de bassin, le trou choisi était de forme rectangulaire de 4x2,5 avec une profondeur de 1,1m sur toute la surface ou presque. Il a été creusé, comblé et finalisé avec de la terre mouillée en moins d'un mois sans y travailler tous les jours et en étant seul avec uniquement une pioche, une pelle et une brouette (figure 20).

Vous pouvez donc compter 15 jours pour un trou plus simple de forme lagon (haricot, ovale) de 4mx4m avec 1,1 m de hauteur au plus profond si vous pouvez travailler à plusieurs pour creuser. Et si vous avez la possibilité de louer une mini-pelle (150 €/jour chez Kiloutou), cela peut prendre une seule journée si le terrain n'est pas trop caillouteux !

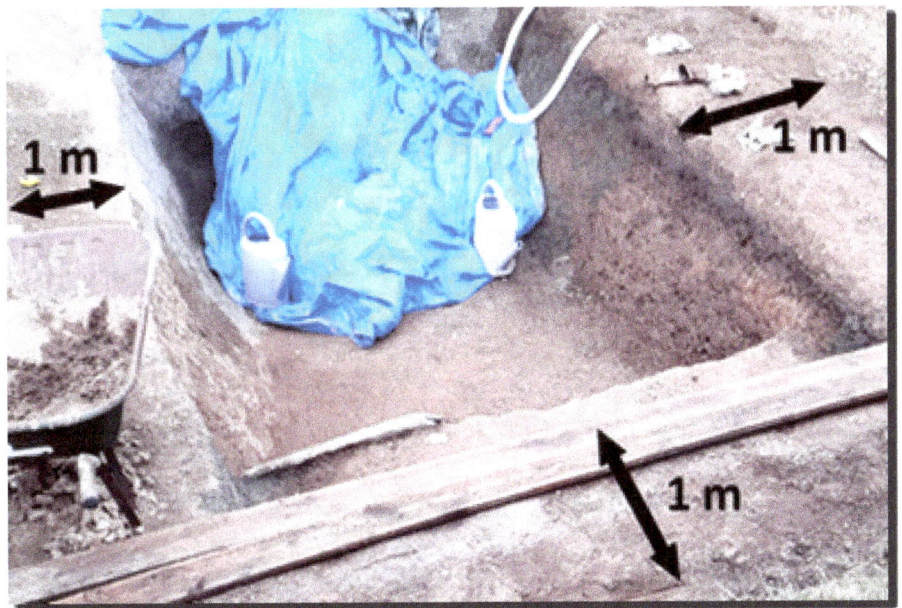

Fig. 20 - Un bassin rectangulaire avec ses abords de 1m de largeur

ÉTAPE N°7 : LES ABORDS DU BASSIN – LA PLAGE

Nous avons vu plus haut qu'il fallait réserver une zone assez large pour le bassin et ses abords (un peu plus de 30 m^2 pour un lagon). Ceci afin de laisser une zone sur l'arrière ou sur un coté haut pour la pompe mais aussi pour avoir un maximum de plages planes autour du trou car c'est ici que l'on marchera et que l'on pourra poser des lames de terrasses, du faux gazon, des gros pavés, des petits cailloux blancs… pour faire une plage à la fois esthétique et efficace en termes de rétention d'eau d'éclaboussures (ou d'eau de pluie) tout autour du bassin. Avant de commencer le revêtement, on aplanira et on ratissera donc environ un mètre de sol tout autour de la piscine. On pensera à créer ou creuser une sorte de boudin de quelques centimètres de hauteur autour du bassin pour avoir ainsi une zone de récupération autour des plages qui de plus arrêtera les éventuels écoulements d'eau de pluie.

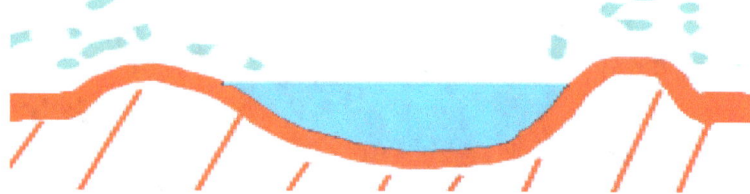

Fig. 21a – Les boudins autour du lagon

Le plus simple est de prévoir pour la suite une plage en gazon synthétique (éventuellement entourée plus loin de cailloux blancs) qui se joue des pentes et des petites différences de niveaux car si vous optez pour une plage avec des lames de terrasse, une plage plane est nécessaire même s'il est toujours possible de corriger une légère inclinaison. Attention cependant si vous prévoyez de construire votre plage en bois (ou une partie de la plage) comme vous le feriez pour une terrasse autour de la piscine, le sol de la plage (où seront posées vos lambourdes) doit être légèrement plus bas que le bord de la piscine afin que les plots ou lambourdes sur lesquels repose la terrasse soient un peu plus bas.

Sinon votre terrasse risque d'être trop élevée par rapport au bord supérieur du bassin :

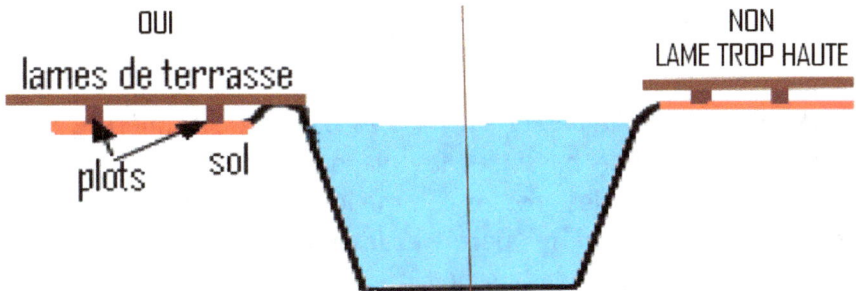

Fig. 21b – Positionnement de lames de terrasses

Sur la partie gauche, on note le bourrelet de terre (ou « boudin ») qui permet de gérer facilement le souci de hauteur des lames de terrasse et qui évite, en prime, un retour de l'eau ayant touché la plage (cf fig. 21a). Cette idée de boudin autour du bassin est indispensable si vous optez pour une configuration lagon, pour une bonne rétention de l'eau, comme on peut voir en exemple sur l'image ci-après.

Fig. 21c - Un bassin lagon XS de 10m² avec une plage mixte « bois et faux gazon » - Les planches de bois sont ici disposées derrière et contre le boudin et non sur le boudin

ÉTAPE N°8 : CRÉATION DE « LA COQUE »

ATTENTION : avant de passer à la mise en place des <u>premières couches de revêtement</u> sur le bassin et les plages, arrachez bien toutes les herbes et les racines (les grosses comme les petites) puis **pulvérisez du désherbant sur le fond, les parois et les plages** car après il sera trop tard car on ne pulvérise pas sur du ciment ni sur du géotextile !

Le but de toutes les étapes qui suivent va être de créer, dans le trou et sur les plages, **une « coque » solide**, épaisse et imperméable qui par son poids va être maintenu en s'appuyant sur la terre tassée, compacte et lisse.

Nous allons enduire la terre <u>en couche épaisse</u> (pour structurer et consolider) puis poser un ciment spécifique (pour une première étanchéification et un premier lissage). Nous allons couvrir à chaque fois, à chaque couche : les plages, les parois et le fond du bassin.

Estimation de la surface totale à couvrir

Pour quantifier vos besoins en mortier, en ciment, en enduit, etc. il faut avoir une idée de **la surface totale à couvrir, intégrant ici : le fond, les parois et les plages** !

> Pour une piscine XS rectangulaire de 10m² : en 4x2,5 sur 1,2 de profondeur avec des plages de 1 m tout autour, on a une surface totale de :

    4x2,5 pour le fond
    1,2x2,5x2 + 1,2x4x2 pour les 4 parois
    4,5x2 + 4x2 pour les plages (si on les recouvre entièrement)

Ce qui donne une **surface totale à couvrir de 40 m² environ**. Cette surface totale doit être calculée en fonction de la forme et des dimensions de votre propre bassin et de vos plages.

> Pour une forme lagon XS, on peut assimiler le bassin à un ovale (ou une ellipse). La surface se calcule alors comme suit :

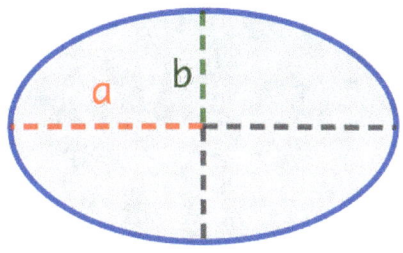

Surface ovale = 3,14 x a x b

Pour un bassin ovale de 4x3m d'envergure totale avec une profondeur moyenne de 0,9 m et 1m de plage « ovale » tout autour

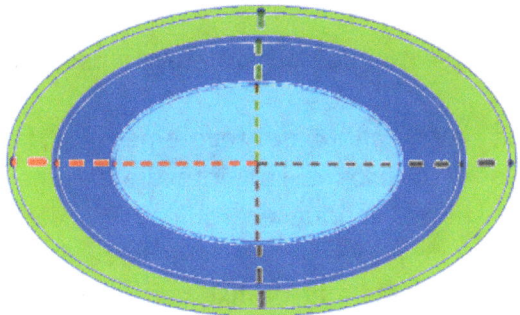

On a a=2 et b=1,5, on obtient approximativement :

3,14x(2+1)x(1,5+1) = 23,5 m² pour la surface totale (bassin et plages)
3,14x2x1,5x0,9 = 8,5 m² pour ajouter les pentes (bleu foncé)
Soit 8,5+23,5 = 32 m² pour l'ensemble

On obtient une **surface totale approximative de 30 m²**

ATTENTION : pour toutes les couches de revêtement qui vont suivre, n'hésitez pas à prolonger votre travail bien loin sur les plages (afin de les isoler au maximum de la terre en dessous). Vous pouvez donc faire vos achats ou vos estimations en tablant largement sur une surface totale à couvrir pour chaque couche **de 35/40 m² pour une forme XS lagon (10/15m² max).**

Une piscine lagon simple de forme ovale

PHASE PRÉLIMINAIRE : GÉOTEXTILE (+POLYANE +TREILLIS SOUDÉ)

Un pré-quadrillage géotextile pour obtenir un pseudo « treillis »

Quelle que soit votre choix de revêtement, il faut disposer un géotextile sur votre sol propre. Le géotextile est une sorte de nappe blanche très résistante, vendue en rouleau qui permet initialement d'éviter aux plantes de pousser et de transpercer les matériaux. Avant la pose du mortier, on étale et on fixe sur la terre un quadrillage de **feutre géotextile**, sur les parois et sur les plages. Il faudra appliquer le mortier afin que le géotextile ne gondole pas et ne produise aucun un effet « ressort », il faut donc le plaquer partout contre la terre, le fixer avec des piquets en U et le couvrir fortement de mortier.

Le géotextile – 15 € en rouleau de 20x1m chez Brico Dépôt

La dépose doit idéalement se faire en croisant les bandes pour couvrir les plages, les parois et le fond. Le géotextile joue dans à la fois le rôle d'anti-repousses et de première « coque » qui va lisser les surfaces et sera ensuite renforcée par le mortier humide dont il va s'imprégner.

Avant de disposer votre géotextile en quadrillage : supprimez tous les petits et gros cailloux et bouchez bien les petits et gros trous avec de la terre pour que votre géotextile soit bien plat et sans bosses !

Si vous avez bien désherbé les racines et bien **pulvérisé sur les plages, les parois et le fond e**t que vous ajoutez partout le quadrillage de géotextile, il y a aucune chance pour que la moindre plante ou racine puisse passer !

Bassin avec dépose en cours du géotextile en large bande sur la terre tassée

Vous pouvez acheter un gros rouleau de 50 m² (25 x 2m) de feutre géotextile blanc (100 grammes) qui vous couteront 45 euros chez Brico Dépôt. Pour fixer votre géotextile, vous devez vous procurer des piquets en forme de U (appelés aussi « agrafes métalliques ») en acier galvanisé qui vous serviront à fixer en même temps le géotextile et, le cas échéant, le gazon artificiel en fin de projet. Procurez-vous un grand nombre de piquets (100 au minimum) car on n'en a jamais assez !

100 piquets en forme de U (17 € sur Amazon)

Pourquoi pas un polyane ?

Pour le terrassement, on utilise en général un polyane (un grand film polyéthylène plastique qui coute environ 30 euros le rouleau). Il permet d'assurer l'étanchéité et d'éviter un séchage trop rapide du béton (ce qui est recommandé pour notre méthode). Si vous êtes familiarisés avec ce genre de produit, rien ne vous empêche d'en mettre sur le fond et le bord de votre piscine, sur le géotextile, que vous fixerez alors en même temps avec les piquets.

Un rouleau de Polyane

Et un ferraillage léger ?

Pour consolider les parois et le fond, certains choisiront de poser sur le géotextile (ou le polyane s'il a été ajouté) un treillis métallique soudé très fin (type grillage à poules) sur le fond et les parois afin de ferrailler comme pour une construction classique. Cela peut être un plus si vous maitrisez cette technique mais il vous faut alors recouvrir le tout avec une grande quantité de béton et être équipé en conséquence !

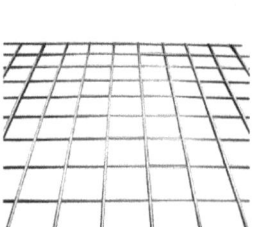 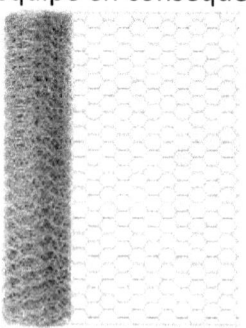

PHASE I : LE MORTIER

Le mortier est une première phase pour créer une première structure solide et épaisse qui va s'appuyer sur le géotextile (+ le polyane + le grillage le cas échéant). Il permet de structurer les parois et le fond. On commence donc par faire un mortier simple dans un grand bac. Achetez du mortier tout prêt dans lequel il suffit d'ajouter de l'eau. Les dosages eau/mortier sont précisés sur chaque sac. Un gros sac de mortier basique (ciment+sable) coute 3 ou 4 € les 30/35 Kg. Bien sûr, si vous avez une bétonnière, le travail sera plus simple et plus rapide et vous pourrez recouvrir l'ensemble avec une couche plus épaisse de mortier (option recommandée si vous pouvez louer ou faire venir une bétonnière dans votre jardin).

On peut compter 15/20 Kg pour couvrir 1m^2 avec une épaisseur de 5cm.

Si vous avez mis du géotextile, une première passe de mortier assez liquide appliqué à la brosse peut être souhaitable afin d'imprégner les bandes et de créer un premier ensemble rigide qui épousera bien la terre.

Pour bien recouvrir le fond, les parois et les plages, il faut prévoir **10 sacs de 35 Kg de mortier** sinon vos couches ne pourront pas être assez épaisses (5cm) notamment sur les zones de fort passage et notamment pour recouvrir le treillis (géotextile, polyane, grillage) et bien peser sur l'ensemble. Mais si vous n'avez pas de matériel pour travailler le mortier, vous pouvez choisir l'option la plus « light » en tablant sur 25 m2 de surface (pour un lagon avec des plages moins étendues) et une épaisseur de 2,5 cm de mortier. Dans ce cas votre besoin en mortier se limite à 6/7 sacs de 35 Kg mais le risque de craquellement du mortier avec le gel sera + grand.

Le mortier peut se projeter ou bien s'appliquer et s'étaler à la taloche mais dans notre cas, il est préférable de le jeter à la pelle et de le répartir et l'étaler progressivement avec une grosse brosse.

Une taloche pour appliquer mortier et ciment

Occasionnellement, vous pouvez le plaquer en gros paquet épais et le lisser à la main avec de très bons gants (résistants et sans trous), afin d'aplanir certains endroits délicats (attention : sans gant, le mortier brule insidieusement et vous crée des trous dans la peau des doigts !)

L'application à la main gantée sur les endroits délicats permet de bien sentir les irrégularités, les bosses, les plis de géotextile… et de faciliter le plaquage du mortier dans les pentes les plus prononcées. Si vous n'avez pas de géotextile et que vous n'avez pas pu combler facilement ou totalement certains gros trous dans la paroi avec de la terre, ce sera l'occasion de venir compléter proprement les trous et les enfoncements (creux) restants avec du mortier.

Fig. 22 - Un mortier en cours d'application en couche fine sur une paroi oblique à même la terre (pas de géotextile ici car le but était ici de lisser les surfaces avant de poser le géotextile.
Les gros trous dans la paroi ayant été comblés par de la terre.

> **Rappel :** Plus vos parois seront verticales et plus vos angles seront prononcés, plus il vous sera difficile d'appliquer et de faire tenir le mortier ! Plus vos angles seront prononcés, plus vous risquez de créer des zones de fragilité de la « coque »

Après avoir posé et lissé votre mortier, vous devez obtenir un bassin avec des parois relativement nettes qui restent pour le moment assez irrégulières et bien évidemment granuleuses.

N'oubliez pas d'anticiper en créant dès à présent le petit monticule de terre (boudin) tout autour du bassin avant de le couvrir lui aussi avec du mortier.

Fig. 23 - Phase I : bassin enduit de mortier (en cours de séchage)

En attendant le séchage du mortier, couvrez avec une grande bâche de chantier qui doit protéger le bassin et toutes les plages en cas de forte pluie (cette protection contre la pluie devant être faite durant toutes les phases de séchage). Une bâche de chantier de 3x4m coûte 10 € et une grande bâche de 4x6m coûte 30 € sur Amazon.

Nota bene : certains maçons préconiseront d'utiliser un « **mortier bâtard** » composé, par exemple de ciment, sable, chaux et fibre de verre, qui sera bien évidemment encore plus solide mais qui complique un peu la phase 1.

PHASE II : LE CIMENT POUR LISSER (optionnel)

Après avoir laissé sécher votre mortier (afin de pouvoir déjà marcher dessus), si vos surfaces ne vous paraissent pas assez régulières ou trop granuleuses, vous pouvez couvrir toutes les surfaces avec du ciment afin d'obtenir une surface **propre et lisse**, sans aspérités et sans petits trous. Il vous sera certainement nécessaire de combler des crevasses ou de poncer à certains endroits pour être certains d'éliminer les bosses et les grosses aspérités avant la pose du ciment ou de l'enduit de la phase 3.

La pose du ciment, à cette phase, reste optionnelle et se justifie si vos surfaces de mortier sont vraiment irrégulières. Sinon, la pose d'un ciment « classique » ne fera que fragiliser la surface, puisqu'il risque de craqueler.

Si toutefois vous devez cimenter, on peut encore ici utiliser un ciment basique (4 € les 25 Kg). Il vous faudra plusieurs sacs de ciment : prenez 4 sacs de 25 Kg au minimum (les dosages ciment-eau étant toujours inscrits sur les sacs).

Fig. 24 – Phase II : le ciment et le lissage des parois en cours

Il existe plusieurs techniques pour poser du ciment, le but de ce livre n'étant pas de fournir les bases de la maçonnerie, chacun pourra se référer aux nombreux didacticiels sur le net ou aux vidéos d'explication disponibles sur Youtube®.

On notera par exemple que certains professionnels utilisent **un pinceau de type colle à tapisserie** avec un ciment un peu liquide pour faire une couche de finition parfaite. C'est la technique que nous préconisons ici même s'il vous sera nécessaire de jeter du ciment aux endroits les moins réguliers de vos parois.

Quand tout est recouvert et lisse, bâchez éventuellement pour protéger de la pluie et laissez sécher votre ciment. Dans tous les cas, il vous faudra lisser manuellement le bassin au papier de verre à gros grains ou, si vous êtes équipés, effectuer un **ponçage** du ciment avec une ponceuse rotative.

Estimation du coût intermédiaire à ce stade du projet :

- géotextile et agrafes : 60 €
- mortier et ciment : 50 €
- bâche : 20 € ou 30 €
- pompe + tuyaux + 2 buses : 150 €
- vannes (robinets) : 30 €
- gaine de protection des deux tuyaux : 15 €

Soit un coût intermédiaire d'**environ 350 €** de matériel auquel s'ajoute l'éventuelle journée de location d'une **mini-pelle** (150 €/jour chez Kiloutou) et d'une **bétonnière** (45 €/jour chez Kiloutou).

ÉTAPE N°10 : LE BITUME

Si vous souhaitez renforcer votre étanchéité et bien isoler vos plages de la terre, vous pouvez ajouter une couche de véritable bitume que vous appliquerez sur le ciment. Mais cette phase n'est pas indispensable. Pour cette étape n°10, le concept *EasyPool®* emprunte **la technique utilisée pour la fabrication des routes** pour lesquelles on verse directement un goudron contenant des graviers sur une terre compressée. Le goudron sèche et l'on obtient une surface dure et parfaitement solide, supportant ainsi le passage de milliers de camions. Un reportage montre l'utilisation d'une technique similaire en Afrique qui a prouvé l'efficacité et la durabilité du procédé d'étanchéité des bassins par simple bitumisation.

Fig. 26 - Extrait de la vidéo sur les bassins bitumeux en Afrique. Titre du reportage Youtube® : « *Du Bassin de Collecte au Bassin de Conservation des Eaux de Ruissellement* »

Pour notre bassin, nous ne mettrons évidemment pas de petits graviers dans le goudron comme pour une route ! Nous utiliserons un simple bitume noir liquide facilement disponible en ligne. Nous préconisons **un bidon d'enduit bitumeux d'étanchéité « Bitu*Flash* » de 25 litres** (70 € sur AMAZON) mais il existe bien sûr d'autres bitumes liquides sous d'autres marques. Le bitume est déjà prêt dans le bidon sous la forme d'une pâte liquide, très visqueuse et noire.

Fig. 27 - Le bitume liquide BituFlash livré en 25 Kg - 70 € sur Amazon
Existe aussi en bidon de 5 Kg au prix de 40 € livraison incluse

Malgré leur aspect noirâtre, ces bitumes sont parfaitement écologiques et certains bassins de rétention d'eau, ou même des bassins destinés à accueillir des poissons, sont réalisés avec ce matériau !

Le bidon de 25 Kg de bitume suffit pour appliquer partout UNE COUCHE sur le fond, les parois et le début des plages.

Pour appliquer ce bitume liquide, il faut vêtir une tenue qui ne risque rien, porter des gants pour ne pas se salir (le bitume tache énormément) et là encore, se munir d'un gros pinceau comme ceux utilisés pour appliquer la colle de papier peint :

Exemple de pinceau pour appliquer le bitume

On applique lentement et partout une couche épaisse de bitume comme on le ferait pour une peinture. Le résultat obtenu est assez surprenant. L'application de ce bitume donne la sensation d'avoir une véritable **« bâche liquide »**. Après séchage, on obtient un aspect très propre, le bassin solide de couleur noir mat se dessine alors et ressemble déjà à une véritable piscine malgré son aspect sombre ! Ainsi, la superposition des matériaux suivants :

Géotextile + Polyane + Grillage + Mortier + Bitume

forme déjà, après séchage, **« <u>une coque</u> »** lourde, rigide et solide.

Fig. 28 - Un bassin et ses abords avec une couche de bitume séché

À SAVOIR : le bitume peut longtemps conserver une certaine souplesse par endroit, notamment avec la chaleur du soleil (il peut parfois ne pas sécher avant très longtemps !), <u>il faut le laisser poser une bonne semaine</u> (en le couvrant du soleil). On ne peut pas encore considérer la coque terminée et utilisable à ce stade car elle ne serait pas stable en cas de fortes chaleurs. Il faut bien laisser sécher avant d'ajouter une ou deux couches de revêtement.

LE REVÊTEMENT AUTOUR DES BUSES

Si vous avez opté pour une filtration double-buses, il faut fignoler les abords de ces accessoires avec un ciment (ou un enduit ou un bitume) que vous appliquerez avec plus de précision tout autour des buses afin de bien caler vos éléments (consoles) et afin de commencer à créer une forme d'étanchéité (qui sera bien évidemment complétée dans les phases suivantes) entre les parties plastiques et la paroi en ciment. Sur la figure n°28bis par exemple, on aperçoit le ciment appliqué autour d'une console avec skimmer, ce dernier ayant été calé dans un renfoncement bien vertical. Ce renfoncement n'a pas lieu d'être si vous avez choisi l'option préconisée des deux buses sans skimmer !

Fig. 28bis - Ciment pour fixer un skimmer

 RETOUR D'EXPÉRIENCE – LA POSE DU BITUME

Sur la figure 28, on retrouve une réalisation en configuration rectangulaire avec un petit siège au fond et une large marche pour descendre. L'application de la « bâche liquide » (bitume) a mis un peu plus en évidence les erreurs de lissage sur les parois (qu'il n'était plus possible de corriger à ce stade). Néanmoins le ponçage avait été réalisé avec suffisamment de soins pour qu'aucune aspérité ni aucune bosse ne viennent gêner la future baignade. Pour une piscine « lagon », il est préférable de prévoir 30 Kg de bitume notamment pour les plages qui s'étalent beaucoup et qu'il faut idéalement recouvrir de bitume (et avant cela, de géotextiles/mortier/ciment) jusqu'à plus d'un mètre de largeur tout autour du bassin. Mais attention, le bitume ne doit jamais rester non couvert par un revêtement supplémentaire, il faut le couvrir d'un enduit ou d'un ciment d'étanchéité. Mais cette couche de bitume ne semble pas indispensable en réalité et on peut passer directement de l'étape 9 (mortier épais) à l'étape 11 (enduit d'étanchéité).

ÉTAPE N°11 : L'ÉTANCHÉITÉ

Une fois que nous avons bétonné, éventuellement cimenté, et éventuellement bitumé le bassin et ses plages afin d'obtenir une « coque » lourde, lisse et rigide, il faut désormais créer l'étanchéité ! Une ou deux couches de revêtements étanches sont indispensables pour assurer l'étanchéité totale du bassin (et éventuellement couvrir entièrement le bitume) mais aussi pour renforcer encore un peu le poids et la solidité de l'ensemble.

TROIS POSSIBILITÉS POUR FINALISER L'ÉTANCHÉITÉ :

Option N°1 : un mortier d'imperméabilisation (option recommandée)

A cette étape, vous pouvez recouvrir directement le mortier (ou le bitume) avec une couche épaisse (ou 2 couches) de mortier d'imperméabilisation **PRB**, appliqué de manière à ce qu'il soit bien lisse. Laisser sécher. Peindre avec une **peinture épaisse type caoutchouc** en blanc, gris clair ou bleu (50 € les 5 Kg qui suffisent pour recouvrir votre bassin en 2 couches).

On trouve par exemple du mortier d'imperméabilisation, de marque PRB, chez Leroy Merlin à **26 € le seau de 20 Kg** (1,5Kg /m2/couche). Il faut environ 6 seaux pour une surface de 40m^2 soit 160 € en tout. Le seau contient une poudre grise **très fine** qu'il faut simplement bien mélanger avec de l'eau afin d'obtenir une pâte qu'on applique au pinceau large, par exemple.

Fig. 26 - Mortier d'imperméabilisation « pour les fondations et piscines »

26 € le pot de 20 Kg

À savoir : Leroy Merlin fournit ce même mortier PRB sous forme de gros sacs de 25 Kg au prix de 23 €. Un format moins pratique que le seau mais moins cher. Il vous faudra dans ce cas environ 5 sacs selon vos dimensions (soit 120 €).

Fig. 27 - Mortier d'imperméabilisation gris qui vient d'être appliqué au gros pinceau de tapissier sur le ciment

Vous trouverez une vidéo de présentation du mortier PRB sur Youtube® avec le titre suivant : *« PRB Mortier d'imperméabilisation »*

À ce stade, une fois le ciment PRB séché, votre bassin est totalement étanche et retient parfaitement l'eau ! Vous pourriez déjà vous y baigner. Mais les parois et le sol seront peut-être un peu trop rugueux. Il faut alors poncer à certains endroits...

Option N°2 : un enduit d'étanchéité pour piscine (blanc) appliqué directement en couche épaisse sur le mortier (ou sur le bitume)

La marque SIKA propose un *enduit peinture* « spécial piscines » ou un *complément d'imperméabilisation* « Sikatop® » pour piscines tous deux disponibles chez Leroy Merlin (disponibles aussi en ligne).

Fig. 28 - Enduits d'étanchéité de la marque SIKA - 175 € le pot

Ces deux produits contiennent une **résine** à mélanger à une poudre d'étanchéité afin d'obtenir une pâte blanche qui s'applique au pinceau ou au rouleau. Il faut en appliquer une couche épaisse partout. Le résultat obtenu est très satisfaisant et fournit une teinte de couleur blanc « écume », il est alors déjà possible de se baigner dans ce bassin dès lors que l'enduit est parfaitement sec.

Fig. 29 – Un bassin rectangulaire avec l'enduit blanc d'imperméabilisation Sikatop® posé en couche épaisse sur le ciment

Un avantage de ce type de produit est de fournir une surface agréable au toucher, qui est **lisse sans être trop glissante**, on a ainsi par défaut un **effet anti-dérapant** (bien utile pour une forme de type « lagon » avec un accès en pente douce dans l'eau).

Attention : il vaut mieux **une couche d'enduit épaisse** et bien séchée plutôt que de vouloir faire 2 couches en diluant trop le produit, ceci évite d'obtenir des craquelures dues au froid ou à la chaleur du soleil. Cela évite aussi d'avoir un dépôt blanc qui apparait après séchage (dans le cas où l'enduit n'a pas été bien préparé ou trop dilué), ce qui risque de teinter et de troubler l'eau de la piscine.

Option N°3 : peindre directement sur le bitume avec une peinture adaptée, spéciale piscine, qui peut tenir sur du bitume (couleur blanche, grise ou bleu clair)

 RETOUR D'EXPÉRIENCE – MORTIER ET ENDUIT

Par excès de zèle, j'ai opté pour une super imperméabilisation avec une couche de mortier PRB sur laquelle j'ai ajouté une couche de l'enduit SIKATOP avec sa résine (« Complément d'imperméabilisation »). Ce qui fonctionne évidemment très bien mais qui selon moi n'était pas du tout nécessaire. Il est suffisant d'appliquer une couche épaisse d'enduit blanc ou bien de mortier PRB sur le ciment (ou sur le bitume). Souhaitant avoir une piscine à fond « gris clair », j'ai ajouté un peu de colorant noir dans mon enduit SIKATOP blanc mais j'aurais là aussi dû laisser le fond blanc (qui vire dans tous les cas un peu au gris bleu/gris clair naturellement au séchage et avec le temps).

Application de l'enduit SIKATOP® blanc sur le mortier gris PRB séché

Étanchéité des buses

Les buses doivent être entourées et colmatées avec plus d'attention et de minutie à chaque nouvelle couche de revêtement appliqué sur les parois. Mais pour finaliser l'étanchéité autour des buses, on utilise un joint blanc de type « salle de bain » destiné aux piscines de type « RUBSON piscines » ou « SIKA Pool » qui peut être blanc ou transparent. Ces joints sont conçus pour rester immergés dans l'eau chlorée :

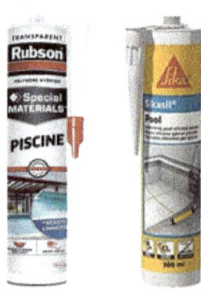
Du joint « spécial piscine » - 17 € environ

Idéalement on applique ce joint de finition en large couche (avec les doigts) en fin de projet quand toutes les couches sont sèches.
Mais en réalité, si vos joints ont été réalisées proprement autour des buses à chaque couche, un joint de salle de bain classique suffit (il faut alors le refaire chaque année).

ÉTAPE N°12 : LA PEINTURE

Vous pouvez enfin peindre la partie bassin (et les plages éventuellement, même si elles sont couvertes par la suite) avec la couleur de votre choix en utilisant une peinture « spéciale piscine » de couleur bleu clair, gris clair, blanc, ocre (pour les piscines lagon) ou encore une peinture anti-dérapante. Il faudra alors prévoir 5 litres (5Kg) de peinture (50 €) pour peindre en 2 couches d'un bassin de 15m² sans les plages.

Fig. 29 – Une peinture caoutchouc chloré – 43€ pour 5 Kg sur Amazon

Calcul du coût intermédiaire à ce stade de la construction

Jusqu'ici, le cout pour la première phase du bassin était de 350 € environ (avec filtration complète) auxquels s'ajoutent désormais :

- mortier d'imperméabilisation : 120 €
- enduit blanc en + : 175 € (option)
- bitume : 70 € (option)
- peinture : 50 €
- joint final d'étanchéité des parties plastiques : 17 €

On obtient alors un cout maximal de 350+120+175+70+50 = **800 €** environ pour un bassin avec filtration complète et une étanchéité double ou triple couches.

Pour ce prix global, vous obtenez déjà un petit **bassin d'agrément** complet qui est fonctionnel et utilisable notamment si vous avez bien préparé vos plages en les enduisant largement avec les différentes couches de revêtement :
    1 - ratissage de la terre et désherbant
    2 - géotextile
    3 – mortier épais
    4 - mortier PRB ou enduit SIKATOP d'imperméabilisation

Les différentes étapes présentées ci-dessus, vous fournissent des idées, des indications qui permettent d'obtenir un bassin solide, dans lequel on peut se baigner, en quelques jours, pour moins de 500 euros.

D'autres concepts utilisent des revêtements plus adaptées et plus simples tels que la **résine Polyester (parfois armée de fibre de verre)** qui forme un cuvelage robuste en épousant parfaitement les courbes de votre bassin. La combinaison de ces deux matériaux forme en durcissant un revêtement composite rigide d'environ 3 ou 4 mm d'épaisseur. Cette coque d'une grande résistance mécanique présente l'avantage d'être structurellement indépendante du support. Le rendu est parfait, esthétique, solide et durable mais le cout de la résine est bien plus élevé !! (pour une petite surface de 15/20m^2 il faut environ 30 Kg de résine avec catalyseur, gelcoat, topcoat...). Le coût du revêtement en résine d'une épaisseur de 3,5-4 mm se situe entre 130 et 150€ /m^2 HT. Soit 5000 euros TTC pour couvrir nos 30 m^2 !

Une piscine réalisée avec de la résine polyester

ÉTAPE N°11 : FINALISATION « BASSIN ET ABORDS »

La partie bassin est terminée. Mais... Avant de le mettre complètement en eau à l'aide d'un tuyau d'arrosage propre, vous devez encore en finaliser tous les abords notamment pour éviter de mettre des saletés (herbes, poussière, terre, petits cailloux) dans l'eau en faisant les derniers travaux tout autour de la piscine. En attendant que la couche de revêtement final soit bien sèche, vous pouvez organiser vos plages (qui ont dû être « pensées » dès le début du chantier).

Les plages : lames de bois, gazon artificiel, dalles ?

Avant de placer votre habillage de plage, si vous ne l'avez pas fait à l'étape préliminaire sur toutes vos surfaces avant la pose du mortier initial, nous vous conseillons fortement de placer ici aussi un feutre **géotextile** qui fera tout le contour et toute la largeur de vos plages (15 € le rouleau de 20 x 1m).

Option n°1 : une plage 100% enduit et gazon artificiel

Fig. 30 - Une piscine lagon entièrement entourée de gazon artificiel

C'est la solution la plus simple. Si vous avez bien étiré vos revêtements (mortier, ciment, enduit, bitume), il vous suffit de vous procurer un gazon artificiel bien résistant (l'important étant que le gazon ne perde pas ses brins et que son tapis noir de maintien puisse être correctement fixé au sol de vos plages). Le gazon se découpe facilement aux ciseaux, même si vous avez une forme irrégulière de bassin. Il fournit une finition propre dès lors que les brins sont solides et que **le « tapis » de plastique ne s'effrite pas sur les bords !**

On trouve des gazons de différentes qualités. Les prix varient en fonction de l'épaisseur, de la tenue au soleil, de l'aspect réaliste et de la solidité. On trouve aussi bien du gazon basique (aspect moquette verte) chez ACTION ou LIDL à 7 euros pour 2 mètres que du gazon haute qualité chez TRUFFAUT à 50 euros les 2 mètres ! Dans tous les cas, il faut un gazon anti-uv (sauf si vous voulez le remplacer en fin de saison).

Fig. 31 - Faux gazon réaliste « Truffaut » VS Gazon tapis à 5 € chez Action !

Une fois votre gazon choisi en fonction de vos projets et de votre budget, vous déroulez le gazon sur votre revêtement au sol puis vous continuez sur votre géotextile s'il n'a pas été entièrement recouvert par votre revêtement, en suivant les bords du bassin et vous le fixez avec les piquets (agrafes) en U (que vous enfoncerez au marteau à une distance raisonnable du bord de la piscine pour éviter de fragiliser votre bassin). N'essayez pas de mettre de la colle ou autre, ça ne tiendra surement pas et elle finira diluée dans votre piscine !

 **RETOUR D'EXPÉRIENCE – LE GAZON**

Avec un gazon synthétique acheté chez Brico Dépôt (1 m de largeur avec une épaisseur de 20 mm) au prix de 60 € les 8 mètres. La partie « herbe » était réaliste et a bien résisté au temps mais le tapis noir, sur lequel sont fixés les brins, s'est un peu effrité (et a tendance à être trop visible de près). Si on ne veut pas payer le prix fort pour avoir le *nec plus ultra*, il vaut mieux dans ce cas choisir un gazon qui sera remplacé chaque année, qui fasse un peu « faux » (type moquette chez Action : 5 € pour 2x1m) mais qui se plaque bien et qui résiste suffisamment à l'eau et au soleil plutôt que d'acheter un gazon hyper réaliste susceptible de s'abimer ou de perdre ses brins (ou son support). Pour fixer le gazon, j'ai utilisé 50 piquets en U (10 € sur Amazon) que j'ai enfoncé à une trentaine de centimètres du bord du bassin.

Option n°2 : une terrasse en bois autour du bassin

Après avoir fixé votre géotextile avec des piquets en U, vous pouvez construire une terrasse dont les lames (épaisses, de qualité classe 4, aux cotés arrondis) peuvent éventuellement déborder légèrement sur le bord du bassin :

Fig. 32a - Lames de terrasse qui débordent légèrement sur le bassin

Fig. 32b - Lames de terrasse au niveau de l'entrée en eau

Pour cela, il faut se reporter à la réalisation d'une terrasse en bois classique (bois classe 4 ou lames composites) avec une terrasse conçue pour être plaquée au plus bas sur le sol. À ce titre, on se souviendra qu'à l'étape N°7 (Abords du bassin) fut prévue éventuellement une plage plus basse afin d'avoir une terrasse en bois calée au bon niveau de hauteur par rapport au bord du bassin.

Fig. 32c - Une terrasse en bois avec les lambourdes calées au niveau du bord

Si vous avez tout opté pour une piscine rectangulaire de taille 4x2,5 (par exemple) avec tout autour des plages de 1 mètre de largeur, cela signifie que vous allez devoir couvrir pour la partie plage un périmètre de :

$$L = 4+4+2,5+2,5+1+1 = 17 \text{ mètres linéaires}$$

ou une surface de plage de :

$$S = (1+2,5+1)x1+(4x1)+(1+2,5+1)x1+(4x1) = 17 \text{ m}^2$$

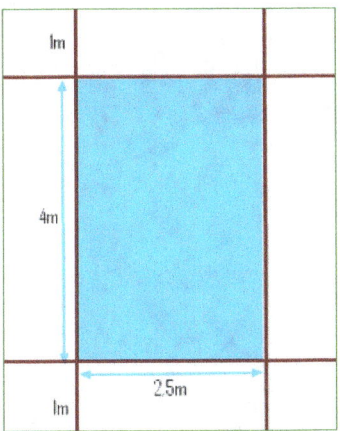

Fig. 33 – Calcul et disposition des plages sur un bassin rectangulaire

Sur le schéma ci-dessus, on comprend qu'il ne faut pas compter uniquement le périmètre du bassin mais bien intégrer en plus la largeur des plages. Faites vos calculs et achats (bois, dalles, gazon, cailloux ou autres) en considérant qu'il vous faut par exemple 20 mètres de matériaux pour entourer un bassin de 4x2,5m.

 RETOUR D'EXPÉRIENCE – UNE PLAGE MIXTE

Pour la première piscine, j'ai choisi de construire des plages mixtes disposées en L avec d'un côté du faux gazon et de l'autre une terrasse bois (voir la photo de la piscine finalisée à la figure 34 ci-après). J'ai acheté 9 lames de bois classe 4 chez Brico Dépôt que j'ai coupées et disposées en L sur des lambourdes assez plates. Le gazon artificiel comme les lambourdes ont été posés sur le géotextile. Cette partie de « terrasse » en bois a couté environ 100 €. Les plages ont donc couté 45 € de géotextile résistant, 10 € de piquets en U, 60 € de gazon et 100 € de bois. Soit un coût total pour les plages de 220 € environ en comptant la visserie.

Avec le recul, le bois n'était pas un bon choix (il vrille un peu, perd de sa couleur et à tendance à créer des coulées de résine sur le haut du bassin. Une plage avec boudin en enduit peint entouré de faux gazon à 100% est donc préférable.

Fig. 34 – Une Piscine XS réalisée avec le concept EasyPool® terminée et mise en eau avec sa plage mixte gazon et bois en L

Les autres options pour les plages

La terrasse peut aussi être réalisée à partir de grosses dalles, de pierres plates, de gros galets ronds, de caillebotis, etc. L'important étant d'isoler le contour du bassin de la terre (en faisant disparaitre le géotextile ou la fin du revêtement), de pouvoir accéder à l'eau et de marcher autour de la piscine sans glisser et sans se blesser les pieds !

Fig. 35 - Bois, gazon, dalles, grosses pierres, sculptures, palmier... Toutes les fantaisies sont permises !

Avec la forme lagon et ses abords en pentes douces, vous avez nécessairement une plage un peu large qui vient « mourir » sur le sol tout autour de la piscine. Vous pouvez laisser vos plages avec le revêtement proposé : géotextile (indispensable au moins sur les parties plages), mortier, ciment, bitume, enduit blanc mais vous avez aussi la possibilité de prolonger les bords avec **une résine (blanche) ou une gomme de caoutchouc**.

On peut notamment citer ici la solution *SilvaCoat* qui est une bâche liquide (blanc ou sable) conçue et brevetée par M. Da Silva, vendue sous forme de bidons au prix de 15 € le kg. Le fabricant annonce 3 Kg/m^2 utiles, il faut donc débourser pour couvrir tout un bassin et ses plages 15 € x 3 Kg x 45m^2 soit 2000 € environ, auxquels il faut ajouter un anti-dérapant à 100 € à appliquer sur le *SilvaCoat*. Le coût de ce genre de revêtement souple et efficace reste donc assez élevé…

On voit ci-dessous, sur la photo 36, une piscine « lagon » avec les bords surélevés (boudins) et un faux gazon très réaliste posé tout autour de l'enduit blanc, qui épouse parfaitement les courbes du bassin et du sol :

Fig. 36 – Forme lagon avec skimmer et plages en gazon artificiel

Fig. 37 – Des plages suffisamment larges pour conserver un gazon naturel ?

Calcul du coût global

📄 Cout minimum d'un bassin <u>sans filtration</u> avec des plages en faux gazon 1er prix :
construction du bassin : 350 €
gazon de type moquette artificiel : 60 €
piquets pour fixer le géotextile et le gazon : 10 €

☞ **On obtient un total minimum de 400/450 € environ**

📄 Cout de l'ensemble avec filtration automatique complète avec coque « mortier, bitume, mortier PRB, peinture caoutchouc » et des plages tout en bois classe 4 :
construction du bassin : 730 €
lames de bois ou faux gazon de qualité : 200 euros
piquets pour fixer le géotextile sous les lames : 10 €

☞ **On obtient un total maximum de 1000 € environ**

BILAN APRÈS TROIS ANNÉES D'UTILISATION...

Le bilan est très positif. Le concept EasyPool® fonctionne et tient la route après 3 années ! La deuxième année, n'ayant pas laissé d'eau dans le bassin pendant chaque hiver, l'enduit (un peu trop dilué lors de la pose) a un peu séché, ce dernier a généré de petites craquelures (san gravité) qui m'ont amené à repeindre les parois après la première année, j'ai choisi une peinture caoutchouc (bleu ciel) qui permettait de combler au passage les petites fissures.

Fig. 38 – Le bassin sans eau, aux couleurs délavées par le soleil, mais parfaitement intact. Ici, un an après sa réalisation.

La 3ème année, un hiver rude (gel), a provoqué une plus importante fissure sur la marche d'accès (une zone, qui hélas, était non couverte pendant l'hiver, sans eau, où le revêtement – notamment lors de la phase 1 du mortier - aurait dû être plus épais du fait de l'angle important que forme la haute marche). **D'où l'importance d'avoir les angles les plus doux, de laisser l'eau l'hiver avec un antigel puissant et de couvrir son bassin au maximum notamment en cas de risque de gel ou de grêle !**

Pour réparer ce craquellement, il a suffi de remettre, sur toute la zone fissurée, une nouvelle couche de mortier d'étanchéité gris PRB (avec un saut à 26 €) et une nouvelle couche de peinture caoutchouc dont il me restait un fond de pot. Mais, encore une fois, ceci ne serait pas arrivé, sans les quelques erreurs lors de la conception (angles trop droits) et sans les négligences (pas d'antigel, pas de bâche).

Ci-dessous, le même bassin « prototype », sans eau, repeint en bleu (un peu trop flashy), 2 ans après sa réalisation. Le gazon n'a pas bougé. Les lames de bois sont à revernir.

Fig. 39 – Le bassin repeint en bleu

UNE PISCINE SUR TERRE « IDÉALE » ?

> *« Des rochers sinon rien ! »*
> [ma mère]

Si la région ou l'environnement le permet, voici les choix qui semblent judicieux pour obtenir une réalisation optimale pour une piscine sur terre conçue avec le procédé *EasyPool*®.

Le but étant de concevoir un bassin d'agrément sécurisé, très esthétique qui s'intègre au paysage, simple et dédié aux jeux et au rafraichissement en excluant la possibilité de véritablement « nager » pour un adulte. Les enfants pouvant toutefois sauter et nager un peu sur quelques mètres.

- Une forme lagon « ovale » ou haricot (en huit) avec une pente douce d'accès à l'eau et les autres cotés un peu plus inclinés afin d'avoir un trou suffisamment profond (une petite « fosse ») pour permettre une immersion quasi-totale pour un adulte assis ou allongé dans l'eau. Une hauteur maximale de paroi de 80 cm étant alors largement suffisante pour qu'un adulte soit totalement immergé une fois couché ou assis dans l'eau. La paroi du fond serait un peu moins oblique afin de pouvoir s'y appuyer et créer une zone avec un peu de fond. Ceci facilitant aussi la pose des 2 buses sur la paroi la plus verticale (évitant de créer un renfoncement pour caler les mini-consoles des deux buses afin d'obtenir des jets qui ne partent pas trop vers le haut !)

- Les bords seraient entourés de monticules de terre tassée et cimentée, assez larges (boudins) pour mieux conserver et gérer l'eau

- L'envergure de la partie immergée serait un « ovale en huit » de 4m x 3m environ (en « tirant » un peu sur les dimensions autorisées sachant que les coins sont courbés et que l'eau en pellicule fine s'évapore plus vite). En tenant aussi compte qu'il serait difficile à un expert de calculer la surface réelle en eau ! La partie « eau pelliculaire » (jusqu'à 5 ou 10 cm d'eau) pouvant être honnêtement considérée comme le début de la plage et non comptabilisée dans le calcul de dimension « légale » du bassin.

- La filtration se ferait avec une pompe auto-aspirante reliée à deux buses (une buse d'aspiration et une buse de refoulement) sans skimmer (une filtration monorive simple) placées à l'arrière du bassin. **La buse d'aspiration étant placée au plus profond du trou pour siphonner facilement** et la buse de retour, suffisamment décalée de la première, en haut de paroi, à un emplacement central judicieux pour éviter de croiser les tuyaux et aussi pour profiter du « jet de massage » (on choisira une pompe Intex puissante, achetée en kit avec tous les éléments compatibles entre eux : filtres papiers, tuyaux, buses et vannes éventuelles). À l'arrière du bassin on peut concevoir la petite « fosse » à 90/80 cm de hauteur (afin d'avoir environ 70 cm d'eau dans cette zone). Dans ce cas de figure et de profondeur : on trempe, on se rafraichit, on fait des glissades, on se « jette » prudemment dans l'eau, on s'assoit devant le « jet de massage » mais on ne nage pas.

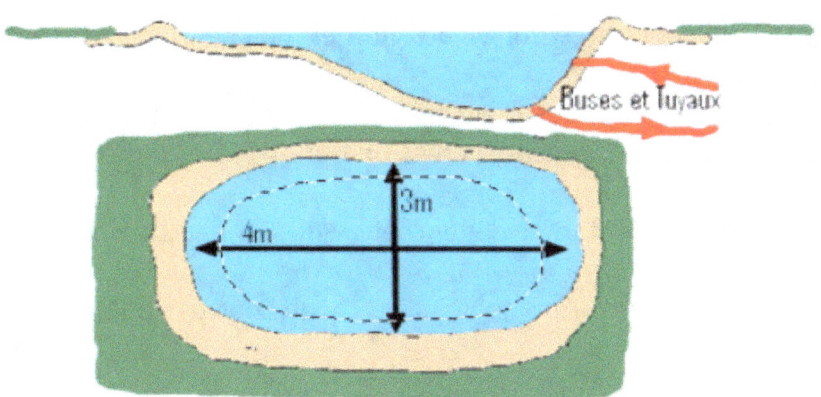

Fig. 40 – Projet de piscine XS en configuration lagon de forme « ovale »

- Il n'est pas indispensable de créer une tranchée sur le haut de la paroi (avec un tuyau rigide par exemple) pour le « trop plein » en cas de fortes pluies car si les boudins ont bien été réalisés et qu'on a une légère pente autour du bassin, en cas de forte pluie et donc de débordement, l'eau qui déborde s'évacue alors par les plages.

- Lors de la construction : le revêtement serait en premier lieu constitué d'un quadrillage de bandes de feutre géotextile (fin, résistant et assez souple) bien fixé au sol par des piquets en U jouant le rôle de première  isolation par rapport à la terre. Le géotextile couvrirait largement tout l'ensemble : le fond, les parois et les plages. Ceci permettant aussi d'isoler les plages de la terre et d'éventuelles repousses de petites racines (même si un désherbant puissant a été appliqué partout)

- La partie revêtement et étanchéité du bassin se ferait avec l'option la plus basique du concept *EasyPool®* :
1) le géotextile et le polyane « plaqués » et « agrafés » sur la terre
2) une armature légère de type « grillage à poule » plaqué et agrafé sur la terre, au-dessus du polyane, afin que le mortier s'y accroche bien, en l'étendant lui aussi sur les plages
3) une couche épaisse (5 cm) de mortier en s'aidant d'une petite bétonnière pour bien couvrir le ferraillage

4) gratter, poncer les zones de mortier qui pourraient créer des irrégularités
5) éventuellement, une couche de bitume noir pour renforcer, assouplir, lisser la surface et créer une première étanchéité (et une coque)
6) une couche de mortier d'étanchéité PRB OU une couche d'enduit pour piscine
7) une éventuelle couche de peinture caoutchouc de couleur blanche ou grise

Autre option pour une petite surface avec un budget un peu plus large : une épaisse couche de résine polyester (blanche) étalée directement sur le géotextile (et rien de plus !)

- Les bords et la plage se prolongeraient à 2 mètres tout autour du bassin avec un gazon artificiel solide pas nécessairement réaliste, qui viendrait couvrir la fin de l'enduit (le gazon serait disposé afin d'être éventuellement remplacé facilement après 2 ans). Le gazon artificiel, bien fixé par des piquets, pouvant prendre l'eau sans souci. Une zone de la plage devant être large et plane afin de pouvoir y placer deux transats.

Fig. 41 - Piscines lagon en huit ou en haricot. Pour le concept EasyPool®, on préférera la forme de gauche en 8 qui ne présente aucune paroi verticale Les parois verticales étant plutôt adaptée pour un revêtement en résine

Quels accessoires et quelle décoration pour cette « piscine idéale » ?

- Une alarme de présence dans l'eau pour être averti si un jeune enfant glisse
- Un diffuseur flottant de galets de chlore (mais on peut simplement les jeter directement dans l'eau avec toutefois le risque d'attaquer la peinture)
- Une bâche à bulles découpée sur mesure avec un enrouleur pour chauffer et protéger l'eau
- Un aspirateur autonome, bien pratique notamment en début de saison pour nettoyer tout le dépôt de petit détritus accumulés au fond du bassin (permettant de garder un filtre de pompe relativement propre)
- Un ou deux petits palmiers (qui ne cachent ou ne cacheront pas le soleil)
- Des gros rochers ronds et blancs (vrais ou faux rochers). Ces rochers peuvent même être encastrés dans le sol juste après la dépose du mortier en Phase 1 mais cet ajout complique la pose de chaque couche de revêtement et peut fragiliser la structure

Cette configuration couterait, là encore, environ 1000 euros.

En guise de conclusion, avant de passer à une rapide présentation de quelques accessoires optionnels, vous aurez compris que ce livre s'adresse à tous ceux qui n'osaient pas se lancer dans la réalisation d'un bassin sans liner, sans parpaings, sans bâche PVC ou EPDM et sans faire appel à des professionnels. Ce livre vous donne des pistes, des idées que vous pouvez développer, améliorer ou contourner afin de **créer votre propre *modus operandi, votre propre concept EasyPool 2 !***
Par exemple, il est possible, comme nous l'avons évoqué, de créer une véritable coque sur la terre à partir de géotextile croisé couvert d'une résine ou de bandes enduites de résine (ce procédé étant un peu plus couteux mais plus solide et proche des process de construction de piscines à coque déjà moulées).

À vous de jouer donc ! À vous d'imaginer votre propre concept !

PROTECTION, HIVERNAGE ET ACCESSOIRES

☞ Protection et Hivernage d'une piscine

Il est conseillé de laisser la piscine bien remplie durant la période d'hivernage afin que l'eau continue d'exercer un poids constant sur le bassin et la terre en dessous. L'eau évite aussi au soleil de chauffer l'enduit (ou la peinture) en cas de fortes chaleurs. Il faut aussi bien bâcher le bassin et utiliser un produit spécial d'hivernage (anti-gel, anti-algues, anti-dépôts calcaire, etc.)
Une bouteille de 1 litre suffit pour une piscine XS :

Hivernage Edenea - 15 € sur Amazon pour traiter 30 m^3

À noter qu'il existe aussi des accessoires ou astuces pour éviter que l'eau ne gèle (l'antigel de la voiture peut être une solution). Et vous pourrez toujours venir remuer régulièrement l'eau et retirer à l'épuisette les gros détritus qui seront passés malgré la bâche. Pour éviter que la bâche ne ploie sous le poids de la pluie ou touche l'eau, vous pouvez utiliser une « bâche à barres » ou vous en fabriquer une à partir d'une bâche normale agrafée sur les lames de bois assez grandes pour traverser le bassin de bord à bord (des lames ou des tasseaux de 3 mètres par exemple).

Dans tous les cas, il faut tout mettre en œuvre pour éviter que le revêtement de la piscine ne se fissure sous l'effet du froid (notamment du gel) mais si malgré vos précautions, certains craquellements arrivent durant la période de non-utilisation de la piscine, il suffit de combler les fissures avec de l'enduit ou du mastic pour piscine et de repasser une couche de peinture à l'endroit réparé.

☞ **Accessoires et gadgets**

ALARMES

La **législation** nous demande d'avoir une alarme si la piscine n'est pas clôturée. L'alarme la plus fréquente est un boitier qui flotte dans l'eau ou fixé à l'un des bords qui déclenche une alarme sonore dès qu'il y a un mouvement anormal de l'eau. Ces alarmes coutent de 50 à 200 €.

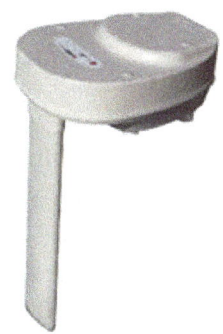

LE CHAUFFAGE DE L'EAU

➢ Le chauffe-eau

C'est une résistance électrique qui se branche sur le 200v et permet de gagner seulement quelques degrés. Une option qui peut être ajoutée après fabrication en l'ajoutant simplement dans le circuit de filtration.

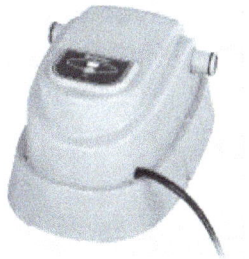

Le chauffe-eau, un accessoire couteux et secondaire

Bon à savoir : si votre accès se fait par une pente douce (notamment pour les lagons) l'eau chauffe par paliers et donc plus rapidement.

> La bâche chauffante

La bâche à bulle permet de protéger et de chauffer votre eau de quelques degrés. Une bâche à bulles de 4x6m coute 75 euros sur Amazon.

LES PALMIERS !

On trouve des petits palmiers à moindre cout qui collent parfaitement avec l'ambiance d'une piscine. On trouve notamment des palmiers de 6 à 20 euros chez Lidl et Carrefour, ils mettent en général 3 ou 4 ans avant de prendre une hauteur significative. Pour avoir un palmier déjà grand, il faut compter 100 euros.

LES LUMIÈRES

Il existe des petites lumières autonomes (à piles avec télécommande) que l'on peut placer ou fixer dans le bassin. On trouve aussi des lumières flottantes. Il existe aussi des lumières externes plates ou sur piquets qui s'allument à la tombée de la nuit (à piles ou à énergie solaire) à moindre coût (chez Action, Lidl, etc.)

Vous pouvez contacter l'auteur de ce livre
sur instagram ou X

www.ingramcontent.com/pod-product-compliance
Lightning Source LLC
Chambersburg PA
CBHW052335220526
45472CB00001B/432

I tuoi veri competitors sono:

1. quelli che operano sul tuo stesso territorio di riferimento
2. che offrono i tuoi stessi servizi/prodotti
3. che si rivolgono al tuo stesso Cliente target

Mi spiego meglio sul punto 3: se il tuo Cliente target, che hai precedentemente identificato, ha ad esempio un profilo donna, alto spendente, "importante" i tuoi competitors diretti non saranno quelli che hanno dei Clienti con profilo donna, bassa spesa, "normale"… ma basta anche solo una variante, comunque di peso tra tutte quelle che avrai identificato per "filtrare" i competitors diretti.

Nota Bene: queste valutazioni fatte fin qui, oltre ad essere semplificate nei concetti, hanno valenza nelle realtà che offrono un solo servizio (o un'aggregazione di servizi riconducibili alla medesima categoria).

Il tutto si complica quando i servizi offerti sono molto diversificati ed eterogenei; in queste eventualità bisogna identificare i competitors filtrandoli tanto per diretti (quelli che propongono varietà, quantità e tipologie di servizi affini ai nostri) che indiretti ovvero quelli che propongono uno o pochi servizi affini ai nostri.

Filtra il più possibile fino a restringere la cerchia a quelli che risulteranno, veramente, essere i tuoi veri competitors.

Ovviamente si può, e si deve, andare molto oltre ma come ribadito questo testo ha il compito di fornirti delle indicazioni di massima su come operare, non è una Consulenza Marketing professionale dedicata.
Una volta fatto questo puoi passare alla quarta fase, ovvero lo **studio della concorrenza**.

Di tutti i competitors diretti (e indiretti) identificati devi studiare tutto: chi sono, che prezzi applicano, la qualità dei loro servizi, la loro strategia di comunicazione, il loro marketing, le loro strategie di fidelizzazione ed acquisizione Clienti... identificando i loro punti di forza ed i loro punti deboli.

Poi, con moltissima obiettività, raffronta questi dati con la tua realtà per capire dove puoi (e devi) migliorare, dove sei invece avvantaggiato rispetto a loro, in cosa loro si differenziano da te e tu da loro.

Adesso hai un quadro completo, o quasi!
Manca ancora un altro particolare ovvero...

Il posizionamento del tuo Brand

Eh già, anche tu (o la tua azienda) sei un Brand e questo ha un suo posizionamento.
Facciamo una pausa e approfondiamo questi concetti.

Notoriamente per Brand si tende a definire quella "marca" riconducibile ad un prodotto o ad un produttore; per fare degli esempi noti: Coca Cola per la nota bevanda, Nike per l'abbigliamento sportivo, Melegatti per i dolci legati alle festività... l'elenco è infinito!

Bene, il Brand ha una sua notorietà in uno o più settori del proprio Mercato di riferimento ed ha un posizionamento nella percezione dei consumatori, ovvero ogni singolo consumatore riconosce (e conosce) sicuramente la marca ma la posiziona, nella sua personale classifica, in modo diverso rispetto alle ulteriori marche (competitors). Ad esempio: tra i consumatori di bevande gassate tutti conoscono Coca Cola e PepsiCola (notorietà del Brand) ma ci sarà chi preferirà la prima alla seconda e viceversa (posizionamento)... lo stesso vale per tutti i Brand e per tutti i prodotti.

Ho volutamente riportato dei Brand che operano su larga scala al fine di farti capire bene il concetto... adesso caliamo il tutto su una realtà più localizzata, su quella che potrebbe essere la tua realtà, e vediamo di capire insieme come tutto ciò agisce ed influenza la tua professione ed i tuoi fatturati.

Come ti avevo detto poco più sopra, anche tu e la tua azienda siete un Brand... un Personal Brand legato alla tua professionalità ed un Brand nel caso tu abbia un'azienda più o meno strutturata! Quello che cambia, principalmente e per sommi capi, è il mercato di riferimento (con annessi i competitors).

Le domande alle quali devi rispondere sono: quanto e come il mio Brand (lo stesso vale per il Personal Brand professionale) è conosciuto, riconosciuto ed identificato (correttamente) nel mio mercato di riferimento e dai Clienti (e potenziali tali)? E questi ultimi come mi posizionano nella loro personale classifica?

Come abbiamo visto il Cliente (o potenziale tale) ha una conoscenza e consapevolezza di chi è presente ed offre i servizi di suo interesse… e di quelli che conosce (e riconosce) stila una sua personale classifica che lo spinge più verso una scelta piuttosto che un'altra.

Ad influenzare tutto ciò concorrono tante variabili ma sappi che è a dir poco molto importante che, la più ampia fetta possibile di tutti i Clienti potenzialmente indirizzati ai servizi del tuo settore e presenti sul tuo mercato di riferimento ti conoscano e riconoscano quale Brand (ovvero sappiano della tua esistenza e siano capaci, quindi, di identificarti sentendo il tuo nome o vedendo il tuo logo), abbiano una percezione positiva della tua professionalità e della tua azienda (anche se non sono tuoi Clienti… vedremo in seguito l'importanza di tutto ciò) e possano, di conseguenza, posizionarti nella loro personale classifica (augurandoti di raggiungere sempre la prima posizione).

Ti starai a questo punto domandando: come faccio a capirlo? E ancor di più come faccio a posizionarmi bene? E forse anche: perché ciò ha rilevanza anche per chi non è mio Cliente e probabilmente non lo sarà mai?

Troverai le risposte man mano che proseguirai questa lettura... ma ti anticipo già che lavorando bene, affinando i particolari ed applicando le giuste strategie puoi migliorare ed ottimizzare il tuo Brand ed il posizionamento... e che è molto importante riuscire a farlo anche in quelli che non sono tuoi Clienti e che, forse, non lo saranno mai!

Capitolo 3

Il processo del Cliente

Nei capitoli precedenti abbiamo visto insieme, seppur in modo estremamente sintetico, alcune delle reali motivazioni che devono spingerti ad applicare azioni e strategie professionali mirate alla fidelizzazione della Clientela e la necessità, in questo caso anche per mirare all'acquisizione di nuovi Clienti, di conoscere e studiare il mercato di riferimento, i Clienti target, i competitors e di strutturare il proprio brand con relativo posizionamento.

Adesso cominceremo ad addentrarci nei meandri della Fidelizzazione, ma prima di questo è importante definire quello che è il processo di acquisizione-fidelizzazione-LifeTime del Cliente!
Ribadendolo e riconoscendolo, seppur qui trattato in estrema sintesi, ti sarà possibile valorizzare correttamente quanto poi troverai nei capitoli successivi.

1. **Il potenziale Cliente viene a conoscenza della tua realtà in vari modi, ad esempio passa davanti la tua vetrina, passaparola, ricerche spontanee legate ai suoi bisogni, annunci pubblicitari/promozionali, trova il tuo sito internet, vede i tuoi profili Social aziendali, cerca un altro professionista a cui affidarsi... e via così**

2. **Spesso, ancor prima di entrare fisicamente o contattarti, esegue ulteriori ricerche e prende**

informazioni per capire chi sei, come lavori, cosa pensa di te la gente... (Brand)

3. Poi valuta se i servizi e prodotti che offri possano veramente soddisfare i suoi bisogni e le sue necessità (primo posizionamento del tuo brand nella sua classifica personale)

4. A questo punto, se sei bravo e fortunato, entrerà o ti contatterà, a volte per acquistare/provare i tuoi servizi/prodotti altre volte per chiedere informazioni e quindi decidere (secondo posizionamento, l'ultimo se decide di non acquistare i tuoi servizi/prodotti)

5. Già nel punto precedente ti sei giocato, forza maggiore, le cartucce a tua disposizione per l'acquisizione del cliente, hai seminato la forza del tuo Brand e del suo posizionamento, hai trasmesso dei segnali idonei alla fidelizzazione

6. Sei stato bravo o fortunato: il potenziale cliente ha acquistato! Adesso è un Cliente... ed adesso, subito, devi confermare l'impressione che hai fornito e devi subito iniziare i processi di fidelizzazione (terzo posizionamento del Brand, l'ultimo se non confermi l'impressione che hai dato! In questo caso è quello maggiormente rischioso poiché si potrebbe rivelare un netto calo del posizionamento se non addirittura un calo della reputazione del tuo Brand, con tutte le conseguenze negative del caso!)

7. Ma hai lavorato bene e continui a farlo! Quindi il Cliente viene fidelizzato e continua a produrre

fatturato nel tempo (quarto posizionamento del Brand, consolidamento ed upgrade)

8. Si avvicina la fine della LifeTime del Cliente! Devi, per quanto possibile, incrementare le azioni di fidelizzazione per cercare di recuperare o allungare la fine del processo d'acquisto

9. Arriva la fine della LifeTime del Cliente! Hai lavorato bene fino alla fine? Ottimo (quinto ed ultimo posizionamento del Brand; il Cliente, malgrado la fine del processo d'acquisto, ti manterrà in ottima posizione nella sua classifica personale e manterrà alta la reputazione del tuo Brand)

Ovviamente questa linearità non è sempre presente, ci saranno alti e bassi durante i quali sarà importantissimo fidelizzare o cercare di recuperare il Cliente! Ma di base questo iter riguarda tutti i tuoi singoli Clienti... ed anche te e me perché, non dimenticarlo, anche noi siamo i clienti di qualcuno!
Da qui in poi possiamo, finalmente(?), passare ad analizzare le dinamiche della fidelizzazione (che noterai come, in parte, sono legate ed influenzano anche i processi d'acquisizione del Cliente), i dettagli, gli strumenti e le strategie utili.

Capitolo 4

Il Cliente ha sempre ragione! Guarda con i suoi occhi...

Quante volte abbiamo sentito dire questa frase? Tantissime!
Ma è vero? Il Cliente ha sempre ragione?
No, il Cliente non ha sempre ragione, anche se spesso è necessario far buon viso a cattivo gioco... di contro, e questo si che è vero, è fondamentale tener conto dell'opinione del Cliente!

Come avevo già scritto in precedenza tutti, anche io e te, siamo Clienti di qualcuno e così come noi agiamo e pensiamo i tuoi Clienti faranno lo stesso nei tuoi confronti e nei confronti della tua realtà professionale.

Il primissimo passo che devi compiere, sempre e costantemente, è metterti dalla parte dei tuoi Clienti e guardare, con estrema obiettività, la tua azienda dal loro punto di vista!

Cosa vedono? Cosa provano? Cosa funziona e cosa no? Cosa apprezzano e cosa no?

Rispondendo a queste domande otterrai tantissime informazioni utili per migliorare, ulteriormente, quello che funziona all'interno della tua realtà professionale e provare a porre rimedio a quello che non funziona ed agli errori.

Ma farlo una volta non basta!

Questi quesiti devi costantemente tenerli a mente e costantemente devi fare le dovute valutazioni.
Ma ti dirò di più: quasi sempre le valutazioni che farai saranno veritiere soltanto in parte perché, per quanto tu possa provare ad essere obiettivo, saranno sempre influenzate dalla propria psicologia inconscia (inconsciamente si va in protezione e autodifesa quando si deve compiere un'autocritica al proprio operato).

Allora risulta molto importante riuscire a raccogliere queste informazioni e sensazioni da soggetti terzi: amici, conoscenti, parenti... ma ancor di più dai tuoi stessi Clienti!
Sono loro che potranno fornirti direttamente il loro punto di vista, indicandoti in cosa sei carente ed in cosa, invece, sei forte!

Ottenere questi dati non è facile ed a volte non è facile mandarli giù (placa il tuo ego... il Cliente ha sempre ragione!).

Chiedere direttamente un'opinione ad un Cliente non è semplice, anche perché spesso si otterrebbero informazioni falsate oltre alla possibilità di incrinare il rapporto di fiducia (il Cliente potrebbe sentirsi sotto esame se le domande sono troppo dirette)... allora sarà importante da un lato cogliere i segnali indiretti che tutti i clienti lanciano (osservare ed ascoltare) e dall'altra applicare nel tempo delle strategie, grazie alla strutturazione di apposite campagne di comunicazione e marketing, che consentano di ottenere importanti feedback... ma di queste ne parleremo anche nei prossimi capitoli.

Capitolo 5

UX, CX... è sempre la prima volta: non puoi sbagliare!

Da qui ci addentreremo insieme nelle dinamiche del rapporto tra te, la tua attività ed i tuoi Clienti... e premetto subito che non puoi permetterti di sbagliare, poiché ogni singolo errore potrebbe costare caro, anche in termini economici, e ti costringerebbe a fare i salti mortali per provare a rimediare; ancor di più se sbaglierai con i Clienti già fidelizzati!

Come accennato precedentemente ci sono tante azioni ed attenzioni che si fondono per ottimizzare tanto i risultati della fidelizzazione che quelli dell'acquisizione di nuovi Clienti.

Quanto segue per alcuni, e te lo dico per tante esperienze dirette, potranno sembrare delle banalità in quanto si tende a darle per scontate; proprio questo dormire sugli allori spesso causa grandi problemi aziendali, incrinando il rapporto Cliente-azienda!

User Experience (UX) e Costumer Experience (CX)

Questi termini, con i loro acronimi, rivestono un ruolo fondamentale per qualsiasi attività!

Sottovalutati e messi da parte per parecchio tempo, oggi tornano ad avere la grande considerazione che meritano (dopo che molti o perlomeno quelli che li avevano dimenticati per dare spazio a tecniche marketing aggressive mirate principalmente a vendite spot, per poi ritrovarsi su mercati saturi dove i Clienti, oramai "svegli", non cadono più con facilità nelle tecniche di vendita usa e getta) e si riferiscono sostanzialmente alla medesima cosa, ovvero l'esperienza del Cliente (Customer) o dell' utente (User ma leggilo anche come potenziale Cliente) legata tanto al processo d'acquisto ma anche, e più opportuno, legata al rapporto in tutte le sue fasi e le sue complessità tra azienda e Cliente (o potenziale tale).

Normalmente troverai la definizione UX legata al mondo online, che approfondiremo nei capitoli successivi, ma come ti accennavo è corretto anche legarli in unica soluzione perché un Cliente è da trattare sempre come un Potenziale Cliente (bisogna sempre convincerlo a mantenere il suo status, premiarlo per esserlo e coccolarlo per mantenerlo).
Inoltre, come già ribadito, applicare correttamente determinate azioni apporta doppi benefici tanto in ambito fidelizzazione che in ambito acquisizione, rendendo più facili (non semplici) entrambi.

Abbiamo quindi definito, per grandi linee, i concetti di UX e CX; addentriamoci per capire più nel dettaglio cosa, come e perché ottimizzare queste esperienze.

Ricordi il capitolo 3 (Il processo del Cliente)? Bene!
Come hai visto esistono vari stadi prima che un Potenziale Cliente passi allo status di Cliente e poi, una volta acquisito questo status, bisogna far si che venga mantenuto per la LifeTime.

In tutti questi passaggi i fattori determinanti sono legati direttamente all'UX e al CX, ovvero l'insieme di tutti i dettagli che costituiscono (e costituiranno) l'esperienza (positiva o negativa) del viaggio e della permanenza del consumatore nel rapporto con la tua realtà.

Riprendiamo la scaletta del processo del Cliente (capitolo 3) e aggiungiamo dei dettagli per legarli al processo esperienziale; in linea di massima è applicabile tanto online che offline.

Il potenziale Cliente (User) ha un bisogno da risolvere, quindi necessita di uno dei servizi/prodotti che offri.
Nella sua ricerca, per passaparola, pubblicità o altri fattori arriva alla tua realtà.

> ➤ **Qui inizia l'esperienza che lo porterà o meno a contattarti, entrare nel negozio, chiedere informazioni, acquistare, parlare bene (o male) di te e della tua azienda!**

Cosa spinge l'User a fare il passo verso lo step successivo?
Se adesso stai pensando il prezzo, per quanto possibile in alcuni casi, sei fuori strada!

I fattori che lo spingono ad andare avanti sono le sommatorie delle sensazioni e delle attenzioni che trasmetti, sin dal primissimo approccio tramite i tuoi canali d'accesso (vetrina, luogo, insegna... ma anche il tuo sito internet, i tuoi Canali Social, la tua presenza online...) spesso sommati alle UX e CX di altri soggetti (vedi recensioni, importantissime e delle quali parleremo più avanti, che possono essere ottenute tanto online che offline).

E quando l'User fa il primo passo verso il secondo step dovrai confermare quanto precedentemente trasmesso, affinché si passi allo step successivo e poi agli altri.

Lo stesso vale ancor di più verso il Cliente già acquisito e fidelizzato al quale devi, obbligatoriamente, garantire quanto meno il medesimo standard d'accesso... se non di più!

Ottimizzare UX e CX

Abbiamo visto l'importanza del percorso esperienziale del Cliente e del Potenziale Cliente.

Come facciamo quindi ad ottimizzare questo percorso e quali i vantaggi in termini di fidelizzazione ed acquisizione Clienti?

Sebbene esistano differenze operative, il concetto è perfettamente uguale tra l'esperienza online e quella offline che bisogna offrire al Cliente o potenziale tale.

A prescindere da come siamo stati trovati da quel momento in poi tutto deve essere perfetto: il primissimo impatto, online ed offline, rappresenta il nostro biglietto da visita e fornisce l'idea al potenziale Cliente, a volte errata ma spesso corretta, di che professionisti siamo e di cosa potrà attendersi da noi! Se il primissimo impatto non è convincente abbiamo perso non solo una vendita ma rinunceremo al LifeTime Value che avremmo potuto ottenere nel tempo da quella persona, che ci posizionerà in fondo alla sua personale classifica!

Molto difficilmente otterremo una seconda possibilità!

Impatto visivo: il nostro principale biglietto da visita

Quante volte durante le nostre ricerche online ci imbattiamo in siti aziendali o su profili aziendali sui Social Network? Continuamente, giusto?

Quante volte per strada vediamo vetrine ed insegne di negozi ed attività e ci fermiamo ad osservarle, magari perché stiamo cercando qualcosa di specifico o perché fanno parte della cerchia dei nostri bisogni, oppure semplicemente per pura curiosità? Continuamente, giusto?

Bene... e quante volte, però, succede che durante questa esperienza (UX e CX) accade qualcosa che non ci convince appieno? Troppe volte!
E quando questo accade chiudiamo la finestra del nostro browser e riprendiamo la ricerca altrove oppure, offline, alziamo i tacchi e andiamo via con un ricordo vago se non pessimo!

Questo è quello che succede a tutti, noi compresi!

Navighiamo su un sito scarsamente curato, poco performante, con informazioni frammentate e poco raggiungibili... il nostro percorso, la UX online, si ferma già dopo pochi click... i proprietari di quel sito hanno perso la possibilità di farci passare al secondo step, lasciandoci un cattivo ricordo.

Lo stesso offline: vetrina sporca o disordinata, insegna datata, ingresso non curato, prezzi non visibili o poco chiari... idem, si alzano i tacchi e via verso qualcun altro! Risultato uguale, potenziale Cliente perso!
Forse già inizi a capire... ma andiamo avanti!

Buongiorno, grazie, prego, arrivederci! Ma anche...

OK, questa volta siamo stati fortunati o bravi: il Cliente potenziale ha iniziato il secondo step!
Online il potenziale Cliente resta sul nostro sito, osserva, valuta, compara, prende informazioni su di noi e, alla fine, ci contatta: telefonicamente, inviandoci una email oppure (e questo lo riporta però al primo step) viene di persona a trovarci!
Offline il potenziale Cliente entra presso la nostra realtà per chiedere informazioni ed osservare meglio!

> **ECCO! Adesso qui, stai giocandoti tutto!**

Il secondo step è quello che rappresenta una maggiore criticità poiché, se dovessimo fallire, il potenziale Cliente non solo non sarà acquisito ma potrebbe andar via con una pessima opinione su di noi e sulla nostra realtà, posizionandoci in fondo alla sua personale classifica e, potenzialmente, rilasciando all'occorrenza scarse recensioni su di noi... e ciao Brand!

Nella stragrande maggioranza dei casi, nelle sedi fisiche, quando i Clienti o potenziali tali entreranno osserveranno sin da subito l'ambiente affidandosi ai propri sensi e approcciandosi con diffidenza (il Cliente verificherà istintivamente che nulla sia cambiato... il potenziale Cliente osserverà ancora con più attenzione).

L'ambiente è pulito o no? L'odore è gradevole? C'è disordine o tutto è tenuto bene?

Poi si arriva al "contatto" ovvero al dialogo per la richiesta di informazioni.

Questa fase ovviamente può arrivare prima e per vari mezzi: a seconda di come ci hanno trovati (o per scelte personali) potrebbero, come detto, anche telefonarci o inviarci una email. Bene, a prescindere che il contatto avvenga in presenza o meno è a dir poco fondamentale che vi sia **SEMPRE** la massima cortesia: mai lesinare l'educazione (è gratis, non costa nulla ma fa una grandissima differenza!).

Un sorriso (si anche quando si risponde al telefono... l'interlocutore capisce se siete felici e rilassati o burberi e scontrosi), un saluto cortese, presentarsi personalmente (è molto importante sapere con chi si sta dialogando... nelle email firmarsi), al telefono rispondere professionalmente (non esiste risposta telefonica peggiore, quando qualcuno chiama un'azienda o un professionista, del "Pronto?") fornire sempre con la massima cortesia le informazioni richieste (anche quelle più assurde ed anche a quelle persone che si presentano scontrosamente), ringraziare (un "Grazie" è più forte di qualsiasi cosa), salutare con cortesia anche se il Cliente o potenziale tale non ha acquistato nulla!

Tutto questo fallo tu in prima persona, sempre, anche quando hai la giornata storta... capita a tutti ma pochissimi sono e saranno disponibili a "capirti" e "giustificarti".

Assicurati che i tuoi dipendenti/collaboratori (se li hai) applichino ogni giorno ed ogni istante questi principi.
SEMBRA SCONTATO E BANALE, MA TI ASSICURO CHE NON LO E'!!!

> ➢ **L'attenzione al Cliente è la base... le fondamenta di un'azienda con un futuro.**

E questa attenzione dedicala, senza lesinarla, a chiunque... anche quando si presentano fornitori, venditori, agenti, ecc... perché quando qualcuno ti contatta per offrirti qualcosa non sta disturbando il tuo lavoro così per il piacere di farlo perché, in quel momento, anche lui sta lavorando!

Ti racconto un episodio reale, una mia CX

Voglio raccontarti un episodio reale, che ho vissuto anni fa in prima persona, in merito a come l'atteggiamento sbagliato può farti perdere Clienti, Fatturati e Credibilità!

Anni fa mi trovavo in una cittadina in giro per lavoro: stavo mettendo su un progetto di co-marketing territoriale con le varie realtà commerciali del territorio. Giornata assolata, orario di punta per le attività commerciali che erano in pieno fermento.

Avendo un paio d'ore libere prima dell'appuntamento successivo, ne approfittai per fare un giro, trovare attività nuove (non si finisce mai di lavorare) e magari fare un mini-shopping.

Avevo con me in mano il mio Leathario, ovvero la custodia dove trasporto il necessario per gli appuntamenti (biglietti da visita, penne, documenti, block-notes, brochure, ecc.).

Durante questo giro, noto la vetrina di un negozio d'abbigliamento unisex; la vetrina non era tenuta benissimo ma i capi esposti suscitarono il mio interesse, quindi decisi di entrare a dare un'occhiata.

L'interno era ordinato, i capi (di discreta qualità e con un buon assortimento) ben disposti, la pulizia non era ottimale ma sicuramente buona, l'odore discretamente neutro… quello che mi colpì era la mancanza di Clienti che giravano tra i reparti!

Dopo pochi passi noto, alla mia sinistra in fondo vicino alla parete, il bancone con la cassa ed un signore li seduto (scoprii poi trattavasi del titolare), sulla quarantina… ci vediamo e cortesemente saluto; Lui mi guarda, fa un cenno stentato con la testa e poi abbassa il capo per continuare a fare quel che già faceva.

Inizio il mio giro tra i reparti… i prezzi erano onesti, la qualità discreta-buona. Mi sposto tra un reparto all'altro, guardo i capi, gironzolo alla ricerca di qualcosa di mio gradimento (nello specifico, in quel periodo necessitavo di una giacca "comoda", giornaliera ma con stile)… il tutto nella mia più totale solitudine!

Passano i minuti e ogni tanto alzo lo sguardo verso il bancone... il titolare? Niente: immerso nei suoi impegni!

A quel punto scatta in me la molla professionale: dovevo capire perché il negozio era vuoto malgrado fosse tenuto decentemente e la merce era valida!

Mi avvicino al bancone, dove il titolare era immerso nel suo pc! Saluto nuovamente "Buongiorno!"... lui alza lo sguardo, adocchia il mio Leathario, e mormora un "buongiorno" prima di riabbassare lo sguardo sul pc.

A quel punto faccio per presentarmi: "Lei è il titolare? Sono il dott.." non finii la frase perché fui interrotto da un deciso "Non mi interessa!"

Non sorpreso, ne avevo già viste tante, rispondo: "Scusi, cosa non le interessa? Non le ho ancora detto nulla...", la sua risposta fu, alzando lo sguardo "qualunque cosa sia non mi interessa, sono impegnato!"

Inevitabilmente lo sguardo cade sullo schermo del suo pc... cosa starà facendo di così importante da trattare in quel modo un potenziale Cliente o anche soltanto un potenziale fornitore? Inutile dirlo: era a perder tempo su Facebook!

A quel punto metto la mano nel taschino della mia giacca e prendo uno dei miei biglietti da visita, rispondo "Vedo..." e lui "Già!", ovviamente senza staccare gli occhi dallo schermo. Ribatto "... e vedo anche come il suo negozio è desolatamente deserto quando quelli dei suoi competitors, qui a fianco, sono pieni!"

A questo punto lui sobbalza e si gira verso di me con gli occhi spalancati!

Poggio sul bancone il mio biglietto da visita e gli dico "Mi chiami! E' evidente che lei ha bisogno d'aiuto per la sua attività. Arrivederci!" e mi congedo... lui rimane lì, muto e sbigottito.

Inutile dire che con il suo atteggiamento e la sua non cura del Cliente e della CX aveva perso non solo la vendita diretta ma anche la possibilità di far accedere un nuovo Cliente al suo portfoglio e attivare una LifeTime da coltivare.

Vuoi sapere come finì? La sera stessa mi telefonò, evidentemente lo avevo svegliato, e fissammo un appuntamento. Da tempo aveva avuto un notevole calo ma non sapeva spiegarsi le motivazioni, che erano poi il suo atteggiamento burbero e disinteressato verso i Clienti e potenziali tali.
Alla fine, grazie alle dovute correzioni, si è risollevato ed è ancora in piena attività.

Il racconto di questa mia CX diretta ti dimostra come molte cose che sembrano banali e scontate realmente non lo sono semplicemente perché non vengono realmente applicate con la dovuta attenzione... e queste nozioni sono alla base di tutti i risultati!

Basta poco per perdere Clienti, occasioni e fatturati!

Capitolo 6

Sconti: Si... ma anche NO!

Una diatriba sempre attiva è quella dello Sconto: in molti sono propensi ad elargire scontistiche, altri non ne vogliono proprio sapere; esistono anche realtà che vivono (o sopravvivono) facendo sconti continui.
Il mio punto di vista? Sconti si... ma anche no!

Lo **Sconto** è anche utile per raggiungere determinati risultati e obiettivi ma **è una pratica che, come tutte le atre, deve essere ben programmata e strutturata.**

Partiamo dal principio... il prezzo!

Sicuramente anche tu al momento di offrire un tuo servizio professionale avrai deciso il prezzo al quale proporlo. Per far questo avrai, sicuramente, effettuato determinate analisi e valutazioni quali, ad esempio

- I tuoi costi vivi: per effettuare quel servizio specifico dovrai sostenere dei costi, piccoli o grandi che siano
- I costi "nascosti": ovvero tutti quei costi che si applicano dopo aver incassato il tuo corrispettivo
- La concorrenza ed il mercato: avrai valutato i tuoi competitors diretti a che prezzo propongono lo stesso servizio paragonando anche la qualità dello stesso rispetto alla tua offerta

- Il tuo target di riferimento: il tuo Cliente tipo può permettersi quel servizio a quel costo?
- Ecc. ecc.

Individuati i costi e le variabili avrai deciso il prezzo finale che, oltre a compensare le spese, essere in linea con il mercato e con la possibilità di spesa della tua clientela, deve anche consentirti il giusto margine minimo di guadagno.

Bene, ecco che lanci il tuo servizio quando improvvisamente (ma neanche tanto) possono avverarsi alcune di queste situazioni:

1. **uno o più dei tuoi competitors diretti applicano uno sconto, a volte anche esagerato, sul servizio che hai appena lanciato**
2. **alcuni dei tuoi clienti, ai quali proponi il servizio o ai quali interessa a prescindere, chiedono o alludono uno sconto (magari corposo) per acquistarlo**

Tu cosa fai?

Molti, presi dal panico di perdere una vendita o un Cliente, si gettano nel pericoloso gioco del prezzo a ribasso... chi applica lo sconto più basso prende tutto; o nel secondo caso cedono al "ricatto" del cliente, magari innescando un pericoloso circolo virtuoso!

Quindi non fare lo sconto?
Non sto dicendo questo!

Il meccanismo dello sconto-a-prescindere è estremamente rischioso e fa perdere credibilità e professionalità, quindi abbatte il Brand ed il posizionamento!

La scontistica deve essere programmata, misurata e dosata con il contagocce.

Quando si stabilisce un prezzo, ancor di più nel settore professionale dei Servizi, questo deve includere due forti variabili, quali

- **Qualità del servizio offerto: se sei un professionista d'alto livello, il servizio che offri è di alto livello, l'ambiente ed i prodotti che usi sono di alto livello... allora anche il prezzo dovrà, necessariamente essere di alto livello**

- **Cliente: la tua clientela deve avere un profilo di spesa idoneo a servizio professionale che offri**

Se i tuoi Clienti non sono alto spendenti non ha senso proporre un servizio, per quanto di altissimo livello, a costi esagerati e poi cedere al "ricatto" dello sconto
Se i tuoi Clienti sono alto spendenti e il tuo servizio è di alto livello applicare, troppo spesso, il maccanismo della scontistica ti penalizzerà in modo irreparabile.

Inoltre **un buon 80% delle persone che chiedono lo sconto o acquisisci tramite sconti sono da considerarsi clienti-spot**, ovvero acquisteranno quel servizio una volta ma difficilmente torneranno ad acquistarlo.

Questo accade per motivi, legati alla sfera psicologica, molto chiari e che creano un danno alla tua azienda: per loro, i clienti-spot, la sensazione sarà quella di aver fatto un "affare" (un servizio professionale a basso costo), torneranno a chiederti lo sconto in futuro (con questi pensieri: "me lo hai fatto già una volta!"; "se non mi fai lo sconto non lo acquisto"; ecc.), a prescindere se cederai nuovamente al loro "ricatto" avrai perso di credibilità professionale ai loro occhi, avrai perso posizionamento e avrai perso fatturato!

Quindi no sconto?

Lo sconto è comunque un'arma importante! Lo è se desideri acquisire nuovi clienti… ma lo è ancor di più nel processo di fidelizzazione, a condizione di utilizzarlo bene! Questo aspetto lo approfondiremo più avanti nella sezione specifica.

Capitolo 7

Seconda Parte

STRUMENTI, METODI, STRATEGIE

Per la gestione dei Clienti e, ancor di più, per applicare efficaci e profittevoli azioni di Fidelizzazione, è fondamentale disporre di alcuni strumenti... non puoi assolutamente farne a meno!
Alcuni di questi, quanto meno inizialmente, puoi provvedere a procurarteli oppure a crearli in modo gratuito, attingendo a risorse opensource.

Niente di trascendentale, ma sono fondamentali e dovrai imparare ad utilizzarli e personalizzarli secondo la tua realtà e le tue esigenze.

Saranno importantissimi per applicare tutte le strategie ed i metodi mirati ad ottenere ed ottimizzare i risultati.

Altri sono da considerare opzionali, ovvero ne dovrai disporre solo se rientreranno nella strategia che deciderai di applicare. Ricorda, quindi, che non tutto va bene o è necessario per tutti!

Cominciamo...

Il tuo Data Base... ovvero il tuo patrimonio aziendale!

E' la tua risorsa principale... il tuo patrimonio aziendale!

Avere un Data Base dei Clienti e potenziali tali rappresenta il primissimo step di qualsiasi azione, uno storico al quale attingere per qualsiasi azione, un tesoro da custodire e coccolare ogni giorno!

Il Data Base deve essere costruito ed aggiornato nel modo più dettagliato possibile: al suo interno il minimo che dovrai inserire sono i dati semplici, quali Nome e Cognome e contatti diretti (email e numero di cellulare).

A questi sarà poi fondamentale associare quanti più dettagli possibile, facciamo degli esempi:

Data di nascita
Indirizzo di residenza (o anche solo la località, nei casi estremi)
Servizi e prodotti acquistati presso la tua realtà e relativa frequenza d'acquisto
Interessi ed hobby
Lavoro

... ma anche composizione della famiglia (nucleo familiare diretto e indiretto), preferenze e gusti... insomma quanto più è possibile! Tutto ti sarà estremamente utile quando dovrai avviare azioni di fidelizzazione.

Come "popolare" il tuo Data Base

Realmente sarebbe opportuno avere almeno due Data Base: uno per i Clienti ed uno per i Potenziali Clienti, spostandoli poi man mano al cambiamento di status.

Tanti sono i mezzi ed i metodi per popolare un Data Base ed è fondamentale mantenerlo aggiornato. Ovviamente tu sceglierai quello più opportuno a seconda della tua strutturazione, ad esempio:

- **Fai compilare moduli ai tuoi Clienti o potenziali tali? Questi possono essere utilizzati per raccogliere dati utili**
- **I dati che utilizzi per emettere ricevuta o fattura**
- **I form online sul tuo sito per chiedere informazioni o per effettuare prenotazione di servizi**

... insomma le scelte realmente sono infinite!

Una cosa però è IMPORTANTISSIMA: è fondamentale che chi ti fornisce i dati sia INFORMATO che potrebbero essere da te utilizzati per azioni di comunicazione e marketing relativamente alla tua azienda (vedi normative sulla privacy) e che ti venga rilasciata, quindi, autorizzazione a tali usi.

Quante volte, facendo un acquisto online o inviando un form per richiesta informazioni, trovi la casella di accettazione dei termini e condizioni d'uso, oppure l'accettazione del trattamento dati? E ancora, la richiesta di iscriverti alla newsletter? Bene, tutti questi sono degli esempi di come è necessario che vi sia un **consenso informato**.

Inutile dire che non puoi raccogliere e trattare dati sensibili, sempre per le normative della privacy, quali ad esempio orientamenti religiosi o sessuali, assunzione di farmaci e via dicendo (fatti salvi quei dati sensibili che, eventualmente, sono necessari per effettuare in sicurezza alcuni dei tuoi servizi professionali… ma in questo caso sari sicuramente già dotato di tutti gli accorgimenti del caso previsti per legge).

Alcuni dati e dettagli difficilmente li raccoglierai tramite moduli, form o quant'altro, troppo macchinoso ed invasivo, ma li reperirai tramite la conoscenza ed il dialogo con i tuoi Clienti (ad esempio gli interessi, le abitudini, la composizione della famiglia, ecc.)… quando ti arriveranno queste informazioni prendine nota ed aggiorna il Data Base! Ti saranno molto utili!

CRM… se non lo usi sei nei guai!

Cos'è il CRM?
Probabilmente ne avrai anche sentito parlare e, forse, ne avrai sottovalutato l'importanza!

L'acronimo indica Customer Relationship Management, ovvero è lo strumento principe per la gestione delle relazioni con i tuoi Clienti… senza un valido CRM si è proprio nei guai! Si tratta di un software, più o meno articolato, che ti permette di gestire al 100% i tuoi Data Base: dalla gestione dettagliatissime delle anagrafiche del singolo Cliente fino a complesse azioni di comunicazione e marketing, dal processo di vendita alle azioni fiscali, dalla frequenza d'acquisto alle tipologie d'acquisto… fino ovviamente a tutte le azioni di fidelizzazione.

Con pochi click potrai sapere per ognuno dei tuoi singoli Clienti e potenziali tali, ma anche filtrandoli e suddividendoli per caratteristiche comuni, tutto quello che è non solo necessario ma fondamentale per gestirli al meglio.

> **Nei capitoli successivi ti farò alcuni esempi pratici dove capirai la forza e l'importanza di avere un CRM e un Data Base aggiornato e dettagliato.**

La tua domanda è: dove trovo un CRM e quanto mi costa?

In commercio esistono tantissime opportunità di CRM, dagli opensource (quindi gratuiti) fino a quelli a pagamento; esistono inoltre varianti da scaricare e quindi avere direttamente sui propri PC e varianti che lavorano online (in cloud oppure come CMS da caricare su un proprio spazio web, come se fossero dei siti internet con accessi riservati). La scelta del CRM è da valutare a seconda della propria realtà, delle proprie capacità, della strutturazione aziendale, dei propri servizi o prodotti offerti. Io, personalmente, utilizzo un opensource altamente personalizzabile (fattore importantissimo poiché è necessario poter adattare il CRM alle proprie esigenze) caricato su uno spazio web dedicato e riservato... ma come dicevo il CRM deve essere contestualizzato alle proprie necessità.

Sicuramente, a prescindere da tutto, NON PUOI FARNE A MENO!

Sito web... se non lo hai non esisti!

Siamo ormai da anni tutti "digitalizzati": smartphone, pc, app e quant'altro fanno parte integrante del nostro linguaggio, delle nostre abitudini e del nostro quotidiano. Risulta quindi fondamentale, per qualsiasi realtà, ritagliarsi una fetta di mercato e di visibilità online perché i Clienti sono online.

Tutti fanno quotidianamente delle ricerche online per appagare i loro bisogni e le loro necessità, per conoscere, per trovare nuove opportunità... e anche per "seguire" le realtà ed i personaggi di loro interesse e conoscenza.

Avere uno spazio aziendale online (in questo caso non sto riferendomi ai Social Network, dei quali parleremo nei capitoli successivi) risulta quindi fondamentale... ancor di più è l'obbligo che questo sia realizzato bene ed in modo professionale (ricordi anche l'UX?)

Di seguito ti fornisco alcune "dritte" che ti aiuteranno a meglio indirizzarti nelle tue scelte e nelle tue valutazioni.

Tipologie di Sito web

Essenzialmente possiamo identificare tre tipologie di "sito web" utili. La scelta di utilizzarne solo una, due o tutte (che possono, tra l'altro e come spesso accade, anche convivere su uno stesso spazio dedicato) dipende molto dalla tipologia di azienda, dalle strategie di marketing e comunicazione che si vogliono applicare, dalla tipologia di servizi/prodotti che si offrono.
Possiamo racchiuderli in :

Sito Web "vetrina": è il classico sito web aziendale dove il visitatore troverà tutte le informazioni sull'azienda, i servizi, i prodotti, i contatti, gallerie fotografiche e/o video, ecc. Da questo genere di sito spesso è possibile anche prenotare i servizi, aggiungendo appositi strumenti (moduli o plugin) dedicati. Normalmente è un sito piuttosto "statico", ovvero un sito che viene aggiornato raramente durante l'anno, per quel che riguarda i contenuti (a meno di essere una realtà estremamente dinamica).
Blog: questo genere di sito consiste nell'avere una parte statica (pagine informative circa l'azienda e/o il professionista), i contatti, i servizi ed una parte "dinamica" nella quale vengono pubblicati, con una frequenza più o meno elevata, articoli d'interesse generico o specialistico. Questo genere di "sito" se da un lato richiede molto impegno (con la dovuta cadenza bisogna scrivere gli articoli, trovare le immagini, pubblicarli, ecc.) dall'altro è quello che, col tempo e la costanza, permette di dimostrare la propria professionalità nel settore di riferimento, ottenere un seguito di utenti interessati, acquisire nuovi clienti e fidelizzare quelli acquisiti. Ottimo strumento per fare Brand e posizionamento.

E-commerce: lo conosciamo tutti... è un sito specializzato nella vendita online. Nel tuo settore può essere d'aiuto se oltre a vendere servizi vendi anche prodotti legati alla tua attività (cosmetici, olii, accessori, ecc.)

Gli Errori da non fare

Il primissimo errore da non fare è costruire il tuo sito aziendale online, che rappresenta un fondamentale biglietto da visita virtuale della tua realtà, su spazi web gratuiti... questo ti farebbe perdere credibilità e professionalità agli occhi dei visitatori e perderesti anche diverse opportunità d'utilizzo professionale (che vedremo dopo).

Mi riferisco quindi ad acquistare un dominio tutto tuo su uno spazio web dedicato.

Mi spiego meglio facendoti un esempio.

Esistono "piattaforme" online, più o meno performanti, che dopo una semplice registrazione ti permettono di attivare un "dominio di terzo livello" personalizzato nel quale potrai costruire in autonomia un tuo sito web, il più delle volte accedendo a dei software intuitivi che consentono, anche a chi non ha dimestichezza con i linguaggi informatici, di costruire un sito web.

Dirai: "Ottimo!"
... ma anche no!

Prendiamo ad esempio Wordpress.com (una delle più note piattaforme e software CMS per costruire blog e siti web).

Registrandoti potresti avviare un blog o un sito in pochi minuti ma lo avresti su un "dominio di terzo livello" legato al loro dominio: se io avessi fatto questa scelta l'indirizzo web del mio sito aziendale sarebbe stato **www.k-word/wordpress.com** che, come vedi non è il massimo in quanto si intuisce subito che non è un dominio di proprietà (a differenza dell'indirizzo www.k-word.it che fa capire invece che il dominio appartiene alla mia azienda).

Oltre il perdere la parte "estetica" dell'indirizzo (*url*) si perdono tutte le opportunità di vera personalizzazione: questi spazi gratuiti, infatti, ti impongono tanti limiti (template preimpostati, limiti di spazio web, impossibilità di integrare moduli di terze parti o personalizzare il codice del sito)...

Ancor di più non avrai la possibilità di avere degli indirizzi email personalizzati legati alla tua realtà professionale: tornando all'esempio di prima, non avrei potuto avere un indirizzo email info@k-word/wordpress.com perché non è previsto, a differenza del dominio di proprietà che mi permette di avere info@k-word.it e tutti gli indirizzi email a dominio che necessito legati alla mia azienda (dell'importanza delle email ne parleremo nei capitoli successivi).

Quanto costa un dominio personalizzato?

Per le piccole e medie realtà che non hanno estreme esigenze in merito a dimensioni, performance ed estrema sicurezza, quindi per la stragrande maggioranza delle attività, i costi di mantenimento annuo sono estremamente contenuti (mediamente per ottime soluzioni si parla di meno di € 100,00/anno), un investimento professionale quindi facilmente accessibile per chiunque.

Non hai conoscenze informatiche o tempo?

Se non hai le dovute conoscenze informatiche è possibile, comunque, riuscire a installare e personalizzare un sito web. Non è da escludere, però, che ti troverai ad affrontare delle difficoltà tecniche e che non riuscirai a posizionarlo per bene nei vari motori di ricerca (e se non trovano il tuo sito durante le ricerche è quasi come non averlo).

In questa situazione ti consiglio caldamente di rivolgerti ad un professionista o ad un web agency al quale affidare la creazione e la gestione del tu sito web aziendale. Ti costerà di più, sicuramente, ma sarà un ottimo investimento se saprai sfruttarlo a dovere.

I costi da sostenere?

Oltre l'acquisto ed il mantenimento di un dominio, come detto sopra, potrebbero essere necessari (lo sono spesso) degli appositi moduli per far si che gli utenti possano svolgere alcune funzioni (si pensi ad esempio all'iscrizione alle tue newsletter in modo che l'email dell'utente venga registrata in automatismo sul tuo Data Base o su apposita piattaforma dedicata). Questi a volte sono "free" (gratuiti) a volte sono da acquistare dai fornitori. Oltre questi costi dovrai prevedere, se ti affidi ad un professionista esterno, l'onorario che ti verrà proposto... ma come ti accennavo è uno dei migliori investimenti (non lo intendere quindi come un costo a perdere) che puoi fare per la tua realtà!

Email e Newsletter: sicuramente SI, ma nel modo corretto!

Sull'utilizzo delle email come mezzo di informazione-promozione (ovvero l'Email Marketing) se ne sono dette e se ne dicono di tutti i colori: funziona, non funziona, è un sistema morto, ecc.

Lascia che, prima di approfondire l'argomento, ti dica e spieghi una cosa: l'Email Marketing è vivo e funziona, ancora, molto bene se... e già, come spesso accade c'è sempre un se!

Come ben saprai, magari perché tu stesso ne ricevi tante ogni giorno, la comunicazione tramite email è molto diffusa... il problema è che troppo spesso se ne fa abuso, a fini commerciali, e troppo spesso viene utilizzata illecitamente per fare spam (o peggio ancora azioni illegali atte a rubare dati privati, installare virus o tentare ricatti informatici).

Questa situazione di intasamento fa sì che molti destinatari cestinino spesso le email senza neanche aprirle, generando così delle statistiche negative verso l'intero sistema (ovvero la "credenza" che se invio tante email e pochi le leggono il sistema non funziona).

Realmente il sistema funziona ed anche molto bene, a condizione che vengano applicati determinati accorgimenti. Qui cercherò di darti alcune dritte invitandoti a tenere in mente che: **l'invio strutturato di email personalizzate verso i tuoi Clienti è un ottimo sistema di fidelizzazione.**

Punto 1: Non utilizzare il tuo account email privato per comunicare con i tuoi Clienti, ancor di più non utilizzarlo mai per inviare newsletter a tanti contatti. Il privato DEVE restare privato, oltre che perderesti di credibilità e professionalità (ricordi? Brand e posizionamento). Utilizza quindi delle caselle email direttamente legate al dominio del tuo sito web.

Punto 2: quando imposte le tue caselle email a dominio, strutturale a seconda degli usi che dovrai farne; ad esempio la classica casella "info@" è normalmente destinata a fungere da casella-filtro nei siti web, ovvero chi visita il tuo sito web e vuole contattarti generalmente sarà indirizzato alla casella info@ cosi da convogliare anche gli eventuali spam verso una casella sola. Dalla stessa alcuni interagiscono rispondendo come una sorta di "servizio clienti" (purtroppo lo fanno spesso senza apporre una firma specifica di una persona di riferimento, ma inserendo una firma generica... grande errore). Vi sono poi le varie caselle destinate ad uffici o funzioni specifiche (ad esempio commerciale@, amministrazione@ ecc.) e le caselle aziendali personali nome.cognome@ ad uso del dipendente o anche utilizzate dai professionisti dopo il primo contatto.

Per le comunicazioni di carattere informativo-commerciale, soprattutto se si intende fare anche una comunicazione via newsletter o comunque invii contemporanei a gruppi più o meno corposi, l'ideale sarebbe attivare una casella email dedicata da nominare, ad esempio, comunicazioni@ (evitare di utilizzare nomi quali news@ che facilmente i sistemi sposterebbero nello spam del destinatario).

Punto 3: per fare comunicazioni stile newsletter o frequenti invii contemporanei a gruppi numerosi di destinatari non utilizzare direttamente la tua casella email dedicata.

Dirai: "Come? Ma se hai detto di aprire una casella email dedicata a questo!"
… verissimo, una casella email dedicata! Ma non da utilizzare direttamente!

Ti spiego molto velocemente e sommariamente come funziona l'invio e la ricezione delle email: quando inviamo una email questa parte tramite il sever che ospita il sistema e viene inviata sul server del destinatario; al momento di essere consegnata sul server destinatario viene "scansionata" da appositi filtri che verificano l'attendibilità (reputazione) del server di partenza e del dominio di partenza, la tipologia e la "pulizia" del codice informatico che forma l'email ed i suoi contenuti (immagini, link, ecc.), il contenuto dell'oggetto dell'email e tanti altri fattori; a seguito di questa analisi il server destinatario accetta o meno la ricezione della email (a dir il vero raramente viene rigettata) e stabilisce se l'email è pulita e quindi non presenta rischi oppure se consegnarla nella casella spam del destinatario (alcuni sistemi segnalano anche l'eventuale rischio di virus o azioni di phishing presente nell'email).

Il problema di effettuare invii corposi di email in unica soluzione direttamente dalla nostra casella email dedicata risiede in due fattori: il primo è che potenzialmente molte delle email che invierai saranno contrassegnate come spam poiché il server di partenza non è appositamente strutturato e validato per quel tipo di attività; il secondo è anche un discorso tecnico: questi tipi di server, non essendo strutturati e validati per questo genere di attività, hanno normalmente dei limiti di volumi di invio contemporanei molto bassi il che, oltre a rendere lentissimo l'invio li sottopone ancor di più al rischio spam.

Ma allora come fare?

La soluzione più utile e "sicura" è quella di affidarsi a piattaforme professionali specializzate in Email Marketing.

Queste provvedono ad inviare a nome tuo, tramite i loro server ma utilizzando come mittente a tua casella email dedicata, le newsletter e le comunicazioni di massa. In questo caso si tratta di server sicuri, validati e specializzati il che riduce notevolmente il rischio che le tue email finiscano nello spam. Oltre ciò queste piattaforme ti forniscono strumenti professionali, di facile utilizzo, per costruire bellissime email, ti permettono di valutare preventivamente il rischio che l'email venga segnalata come spam, puoi gestire il Data Base dedicato, conoscere le statistiche di ricezione, aperture e click sui link… e molto altro!

La maggior parte di queste piattaforme offrono dei profili "free" con limitazioni legate al numero di email inviabili al mese, numerosità dei contatti nel tuo Data Base, inserimento del loro logo nel footer della email ed ulteriori. Ma di base, quanto meno all'inizio a meno che non si disponga già di un Data Base notevolmente numeroso, i quantitativi minimi previsti dagli account gratuiti sono più che sufficienti. Sarà un ottimo investimento poi, non appena possibile, passare a piani ad abbonamento dove verranno sbloccate tutte le limitazioni del caso.

Esiste poi un ulteriore problema legato ai server che ospitano i siti web. A meno che tu non abbia investito moltissimo ed acquistato un server dedicato, normalmente nello stesso server nel quale risiede il tuo sito saranno ospitati molti altri siti di altre aziende e realtà; se uno o più di questi dovesse compiere azioni massive di email marketing senza prendere i dovuti accorgimenti di cui sopra, ottenendo quindi un volume molto elevato di segnalazioni quale "spammer", purtroppo tutto il server potrebbe essere segnalato come tale; in questa eventualità anche le tue comunicazioni subirebbero tali penalizzazioni.

Questo fenomeno non è direttamente controllabile, ma nel caso dovesse accadere ti suggerisco di chiedere, al fornitore dei servizi legati allo spazio web del tuo sito, che il tuo dominio venga spostato su altro server "pulito"… non sempre è fattibile ma puoi tentare.

Qualora non si risolvesse l'unica soluzione, nel caso comunque di grossi problemi (evento non troppo frequente), sarebbe cambiare fornitore.

Ultima cosa da ricordare: come accennato precedentemente, il destinatario delle tue comunicazioni deve aver espressamente concesso il consenso alla ricezione delle stesse. Deve inoltre, **a norma di legge** ma a prescindere è conveniente farlo per tanti motivi, avere la possibilità di potersi cancellarsi dalle liste dei tuoi invii e poter modificare i dati in tuo possesso; per farlo deve avere a disposizione, in ogni newsletter o invio di massa che riceverà da parte tua, un link che permetta tali azioni in autonomia... la maggior parte delle piattaforme professionali di cui ti parlavo prevedono già tutto ciò.

Ma l'invio di newsletter quindi funziona?

Posso dirti *sicuramente di si, a condizione che:*

- chi riceve abbia fornito il consenso a norma di legge

- che non lo tartassi di troppe newsletter, soprattutto se di carattere commerciale

- che i contenuti delle newsletter siano utili (se invii sempre e solo comunicazioni commerciali non otterrai grandi risultati)

- le newsletter possono essere ottimi strumenti di fidelizzazione se ben inserite in n contesto di programmazione professionale

SMS, WhatsApp e simili: si, ma…

Anni fa vi fu il boom dell'SMS Marketing, ovvero dell'utilizzo dei messaggi sms sui dispositivi mobili per fini commerciali, informativi e fidelizzanti. Nel tempo, causa diffusione capillare degli smartphone e delle App questo sistema, molto performante ed economico di marketing diretto, subì un rallentamento.

Nonostante ciò ancora oggi è comune ricevere sms da parte di aziende, soprattutto di carattere informativo… ma non solo.

Oggi, ha senso utilizzare l'SMS Marketing?

In parte si. Personalmente te lo consiglio per effettuare azioni di marketing diretto collegate ad una programmazione di fidelizzazione, legando magari l'invio degli sms (rigorosamente personalizzati) ad un evento specifico o ad una comunicazione (informativa o di carattere commerciale) che abbia una certa rilevanza; questo perché, essendo tutti quotidianamente bombardati da messaggi in arrivo da altri canali (vedi app ed email), l'sms personalizzato potrebbe sfuggire meno all'attenzione del tuo Cliente e quindi ottenere un ottimo ROI (Return of Investment, ritorno d'investimento). Non te lo consiglio, invece, per comunicazioni di carattere massivo poiché il rientro effettivo potrebbe essere minore rispetto ad altri mezzi.
Se desideri affidarti a questo sistema di comunicazione e fidelizzazione fallo non con il tuo cellulare (neanche con quello aziendale)!

Se è vero che ad oggi la maggior parte delle tariffe per i dispositivi mobili prevedono, spesso, sms illimitati è vero anche che non potrai in alcun modo provvedere ad effettuare la personalizzazione del mittente (vedi Brand) né personalizzare in modo automatizzato il contenuto per ogni singolo cliente quando effettui degli invii numericamente corposi (a meno che stai lì ore ad inviare uno per uno).

In questo caso la soluzione è attivare una piattaforma professionale per sms marketing dai vari provider che offrono questo servizio. Se da un lato avrai dei costi legati all'acquisto dei pacchetti di sms dall'altro avrai un ritorno d'investimento molto più alto, misurabile e avrai modo di inviare sms personalizzati con un solo click a tutti i contatti che vorrai.

NOTA: esistono provider italiani che ti permettono di avere in unica soluzione una piattaforma professionale per fare Email Marketing ed SMS Marketing.

WhatsApp e le altre App di messagistica

Come dicevo, oggi è diffusissimo lo smartphone e di conseguenza l'uso delle App: alzi la mano chi non ha WhatsApp ed almeno un'altra App di messagistica (Messenger, Telegram, ecc.).

Queste soluzioni possono essere ottimali per effettuare una comunicazione veloce con e verso i tuoi Clienti. Vediamone insieme alcuni vantaggi e svantaggi.

Vantaggi: non paghi per gli invii, puoi inserire contenuti digitali, multimediali e link, puoi personalizzare il tuo profilo aziendale con loghi, immagini, video, descrizioni, contatti (un mini sito su App di messagistica), puoi aderire ad appositi programmi di pubblicità onApp

Svantaggi: numero limitato di contatti per gruppo/lista, in molti casi i destinatari (in caso di invii di massa) potrebbero vedere i numeri di cellulare degli altri destinatari (problemi di privacy), normalmente non potrai personalizzare il mittente, normalmente non potrai personalizzare il messaggio quando effettui invii di massa

Si iniziano, comunque, a far vedere sul mercato delle piattaforme o dei sistemi che, in parte tendono ad ovviare ad alcuni svantaggi.

Quale numero di cellulare utilizzare?

Inutile dirlo: il lavoro si separa dalla vita privata, sempre! Il consiglio è quindi quello di avere una SIM dedicata alla tua azienda e su questo numero attivare le varie App che intendi utilizzare a livello professionale.

Ovviamente devi assicurarti di attivare il profilo sotto il tuo Brand e non sotto il tuo Nome e Cognome come fossi un privato (se sei un professionista puoi sempre inserire un riferimento che ti identifichi al tuo Cliente).

Fidelity Card: sì o no?

Sempre molto comune è, malgrado a periodi si siano registrati cali, l'utilizzo delle Fidelity Card per la fidelizzazione dei Clienti.

Una volta le Card erano esclusivamente fisiche, ovvero erano le classiche tessere realizzate nei materiali più vari (a volte si trovavano card in carta semplice o stampate alla meno peggio da tipografie); spesso il meccanismo di fidelizzazione veniva associato ad un sistema di scontistica (o buoni oppure omaggi) legati agli acquisti fatti (ricordi? Spesso era del tipo "ogni dieci pizze una pizza in omaggio").
Nota: questo sistema viene ancora oggi utilizzato, ma fortunatamente solo dalle realtà più sprovvedute e meno accorte (il 90% delle volte chi usava, ed usa, questo sistema non ottiene benefici ma perdite: perdite economiche, perdite di Brand e posizionamento, perdita di opportunità).

Nel tempo c'è stata l'evoluzione nella quale la maggior parte delle card fisiche veniva (e viene) realizzata in pvc, quindi con stampa professionale il che migliorava la parte Brand.

Successivamente si è passati ai modelli con banda magnetica, poi con il microchip, codici a barre ed infine con la tecnologia per la lettura a distanza; questo passaggio è stato la vera evoluzione del sistema di fidelizzazione con l'utilizzo delle card in quanto, grazie all'implementazione dei sistemi tecnologici legati ai sistemi di lettura (pos e/o lettori codici a barre) ed ai software gestionali (CRM interfacciati al sistema), si è potuto avviare un meccanismo avanzato di strategie di fidelizzazione.

Non più solo sconti o regali, ma borsellini elettronici, sistema di concorsi a premi avanzati e molto altro tutto correlato di Data Base profilati, monitoraggi statistici, comunicazione integrata tramite email ed sms o notifiche push... insomma, chi voleva (e vuole) trovava (e trova) dei sistemi professionali altamente performanti.

Infine si è passato, in parte, alla **digitalizzazione delle card fisiche sostituendole con le app brandizzate.** Questo passaggio si è reso necessario poiché, visto il boom che vi era stato, i Clienti avevano troppe card fisiche ottenute da tutte le attività delle quali erano Clienti. Questo esubero ha fatto sì che molti rifiutassero di aderire a nuove card, non usufruissero più del sistema poiché spesso non portavano con se la card, ne avevano troppe, ecc.

Con la diffusione capillare degli smartphone e delle app il sistema si è spostato, in buona parte, dall'analogico al digitale: tutti portano dietro il cellulare e quindi tutti portano con sé la app, semplice no?

Questo sistema, inoltre, ha notevolmente innalzato il valore percepito dei Brand che lo applicano.
All'inizio il sistema basato su card fisiche evolute (e poi quello legato alle app) richiedeva degli investimenti discretamente importanti (anche se poi ampiamente remunerati grazie ai fatturati derivati dalle azioni di fidelizzazione; ricordi Pareto al capitolo 1?); adesso invece i sistemi professionali richiedono investimenti molto più contenuti, infatti anche le piccolissime realtà possono permetterselo. Il ROI si è leggermente abbassato ma non perché il sistema non funziona, ma piuttosto perché non tutti quelli che lo applicano lo fanno con un sistema programmato e strategico.

Quindi Fidelity Card si o no?
E' un sistema validissimo, richiede investimenti non esagerati e gli stessi vengono ampiamente ricompensati... a condizione di svolgere tutto con criterio e programmazione.

> **Sicuramente le Fidelity Card sono (e saranno nelle future evoluzioni) uno strumento molto utile per la fidelizzazione dei Clienti!**

Capitolo 8

Recensioni e Passaparola... elogi e critiche

Lo sappiamo: un'azienda o un professionista, quindi anche tu ed io, una volta sul mercato riceve elogi e critiche.
E sappiamo anche che un potenziale Cliente, prima di prendere una decisione cerca di ottenere informazioni da conoscenti, ma anche da estranei, affidandosi ad un sistema psicologico legato alla ricerca di rassicurazioni.

Tutto questo avviene tramite due mezzi: il passaparola e le recensioni!

Come ben sai il passaparola è quello che avviene di persona, in presenza.
Quante volte troviamo un amico, un parente o un conoscente che ci racconta la sua esperienza in riferimento ad un'azienda o ad un professionista? A volte capita che lo stesso racconti di esperienze "indirette", ovvero non sue personali ma di qualcuno che gli ha riferito tali esperienze.
Questo può accadere in modo spontaneo, quindi senza che noi avessimo chiesto esplicitamente un'opinione in merito; altre volte accade invece in modo provocato: stiamo valutando un'azione (ad esempio un acquisto) e chiediamo a qualcuno un'opinione in merito.

Lo stesso avviene anche con le recensioni online: quante volte vorremmo acquistare un prodotto o un servizio online e, prima di procedere, cerchiamo maggiori informazioni sul prodotto/servizio e sul venditore/azienda/professionista? Praticamente sempre, non a caso molti siti web forniscono la possibilità di recensire un prodotto/servizio, rendendo quindi pubbliche le opinioni in merito.

> **Le recensioni ed il passaparola influenzano direttamente il Potenziale Cliente ad effettuare o meno l'acquisto; influenzano direttamente il Cliente già acquisito che cerca riscontro e continuità nelle proprie scelte; influenzano direttamente il posizionamento del Brand con tutte le conseguenze del caso.**

Ora, questa pratica presenta vantaggi e svantaggi per chi riceve le recensioni.

Tra in vantaggi, ovviamente, c'è che ottenendo delle recensioni positive chi le visualizza o le ascolta abbassa, naturalmente, le proprie difese e incrina la propria diffidenza.

Di contro quando una recensione è negativa si ottiene l'effetto opposto e si tende a far "gruppo" abbassando il posizionamento del Brand (capita spesso che qualcuno che non ha mai vissuto l'UX o CX presso un'azienda, ancorché non essere Cliente, dopo aver mal posizionato il Brand ne fornisca ad altri una recensione negativa, solo per spirito d'appartenenza o perché "me lo hanno detto").

Ulteriore fattore, non di poco conto, è che tendenzialmente chi (magari a ragione e magari no) non è soddisfatto dalla sua esperienza diretta tenda con molta facilità a fornire un commento negativo ad uso degli altri in modo autonomo, a differenza del Cliente soddisfatto che, spesso, se non viene stimolato raramente fornisce un feedback pubblico in autonomia.

Un fattore a favore è che, comunque, **un Cliente soddisfatto e fidelizzato tenderà a consigliare l'azienda/professionista quando qualcuno di sua conoscenza ne avrà bisogno ed a difendere quando qualcuno "attaccherà" l'azienda/professionista.** Questo lo farà non perché è intimamente legato alla realtà in questione ma, quasi esclusivamente, per una sua difesa derivata da una reazione psicologica: "Io ho fatto quella scelta e ne sono contento (Cliente fidelizzato e soddisfatto) e se tu critichi e come se le critiche le fai a me... e quindi mi difendo!"

> ➤ **Come vedi il sistema delle recensioni e del passaparola può essere uno strumento molto potente ma anche molto distruttivo per il Brand**

Cosa fare e come gestire le recensioni ed il passaparola?

Sul passaparola "negativo" è difficile intervenire per tempo: spesso, prima di venirne a conoscenza una parte del danno è stato fatto! L'unica è continuare a lavorare, lavorare bene e migliorare sempre di più al fine di mantenere e ben posizionare il Brand.

In merito alle recensioni online il discorso cambia!

Per le motivazioni di cui sopra è importante trovare il modo di inserire all'interno del proprio sito web uno spazio dedicato alle recensioni. In questo caso è probabile che, avendo tu la gestione della pubblicazione delle recensioni, siano pubblicate solo quelle positive... e sul tuo sito web aziendale va benissimo.

E sul blog, sui Social Network e sul web?

Su questi canali il discorso cambia ulteriormente!
Sul tuo blog puoi impostare la "moderazione" dei commenti: così facendo sceglierai tu quali commenti rendere visibili o meno, fungendo da filtro. Ti dico subito che non sempre è necessario "nascondere" i commenti negativi o critici: quando non sono volontariamente denigratori essi rappresentano, invece, un buon canale per dimostrare serietà, professionalità ed il proprio servizio clienti.

Sui Social Network, ad esempio Facebook, il discorso è diverso poiché non hai modo di applicare filtri preventivi, quindi chi vuole scrivere un commento può farlo immediatamente rendendolo pubblico! **In questi casi è SEMPRE importante intervenire rispondendo al commento/recensione negativo ma bisogna farlo con intelligenza.**

Negli ultimi anni sono stati tanti gli episodi che hanno coinvolto grandi Brand di diffusione anche mondiale dove, per colpa di Social Manager sprovveduti, ad alcune critiche è stato risposto in modo brusco e violento: questa tipologia di risposta, anche ai commenti più violenti ed insopportabili, crea un danno d'immagine enorme ed abbassa il posizionamento ed il valore del Brand in un batter d'occhio... anche per i Clienti fidelizzati!

A queste "critiche" bisogna rispondere con fermezza sì, ma soprattutto con professionalità, gentilezza e cortesia... mai mandando a quel paese chi commenta né, tantomeno, minacciando pubblicamente ritorsioni legali (e ne ho viste tante di questa tipologia di risposta, con danni anche irreparabili per l'azienda).

Sul web la questione si articola ulteriormente! E' molto importante, periodicamente, effettuare delle ricerche sul web, inserendo come termini di ricerca il Brand, il nome del professionista, riferimenti all'azienda, ecc. al fine di cercare di scoprire cosa viene "detto" online... a volte si scopriranno ottime recensioni a volte aspre critiche. Queste vengono riferite su canali online diversi da quelli ufficiali legati al tuo Brand, quindi se non le cerchi e le trovi non puoi porre rimedio.
Hai trovato una recensione negativa sulla tua realtà cercando sul web?

Bene (o no?), rispondi con fermezza ma con le dovute accortezze di cui sopra!

Capitolo 9

Social Network, saperli gestire per cogliere opportunità!

Come più volte ribadito la diffusione della tecnologia, degli smartphone, delle App permette a tutti di essere online costantemente e, conseguentemente, di essere raggiungibili dalla comunicazione e dalle azioni di marketing messe in atto dalle aziende e dai professionisti.

Ancor di più si è sviluppata la diffusione dei Social Network, da quelli maggiormente frequentati (Facebook, Twitter, Instagram, Tik Tok, ecc.) a quelli che nascono (e muoiono) in brevissimo tempo, dove si riversano milioni di utenti quotidianamente!

Visto così il mondo dei Social Network è una grandissima opportunità da cogliere per le aziende ed i professionisti (ed è così!), un enorme bacino di utenti potenziali Clienti!

Ma... si, c'è sempre un ma!

Se da un lato le opportunità di acquisizione e fidelizzazioni Clienti offerte dai Social sono numerose, dall'altra lo sono altrettanti i rischi di danneggiare l'immagine e la reputazione del Brand.

Social Network: quale, come, cosa...

Non tutti i S.N. vanno bene per tutti e non tutti i S.N. sono uguali!

Ogni canale ha una tipologia d'utenza diversa, un linguaggio diverso, delle funzionalità diverse!

La primissima cosa da fare è **selezionare i Social Network** dove vogliamo attivare la nostra presenza aziendale ufficiale, scremandoli su vari fattori, quali:

Finalità del Social Network: come dicevo non tutti i S.N. sono uguali. Ad esempio **Facebook**, il più noto e frequentato, è un S.N. di massa, con pochi filtri... un grosso calderone nel quale si trova di tutto e di più, dove è possibile raggiungere molti contatti locali, dove gli utenti sfogano i loro pensieri, dove è ampio il volume di contenuti di bassa qualità. Di contro ad esempio **LinkedIn**, è un S.N. principalmente frequentato da professionisti. Questo fa sì che difficilmente troverai post che parlano di gattini o argomentazioni frivole poiché, gli utenti, cercano di rapportarsi con altrettanti professionisti, discutere di argomenti utili a livello professionale, cercano di instaurare conoscenze e collaborazioni professionali... non chiacchere da bar.

Ciò non toglie che potresti avere una presenza aziendale su entrambi i S.N. e su tutti gli altri, se ritieni che sia funzionale alla tua realtà ed alle tue ambizioni.

Tempo: comunicare sui S.N. richiede tempo da dedicare. Alcuni sono gestibili con poco impegno-tempo-lavoro, altri richiedono maggiori risorse e maggior dispendio. Valuta il tutto e cerca di capire dove il gioco vale la candela.

Linguaggio: ogni S.N. ha il proprio "linguaggio" e la propria fluidità. Identifica quali sono più consoni alla tua realtà, al tuo modo d'essere, alla tua professionalità.

Clienti: in quali S.N. i tuoi Clienti sono più presenti? Ovviamente questa è una dovuta considerazione che devi fare... fidelizzare significa comunicare costantemente con la tua utenza acquisita.

Dopo aver identificato, chiaramente, quali canali Social sono più utili e consoni alla tua realtà è il momento di agire.

Apri un account aziendale ufficiale: come più volte detto la vita privata, soprattutto nei Social Network, deve essere separata dalla vita professionale. Se sei su Facebook apri una Pagina per la tua azienda ed usa solamente quella per le comunicazioni lavorative ufficiali.

Troppe volte si vedono realtà operanti nel settore dei Servizi utilizzare il proprio profilo privato come se fosse un profilo aziendale: questo è un **ERRORE GRAVISSIMO**.

> ➤ **Chi fa questo errore compromette enormemente la sua professionalità e perde tutte le opportunità che un Social Network offre per acquisire e fidelizzare i Clienti.**

Cosa postare?

Il profilo professionale non deve essere utilizzato esclusivamente, o con troppa frequenza, per "spammare" promozioni, offerte o dire "quanto sono bello e quanto sono bravo"! Chi naviga sui Social Network scappa via da questi profili aziendali.

Bisogna, invece, **fornire contenuti utili** (la cui maggior parte devono essere creati dall'azienda, non condivisi o scopiazzati) **atti a fornire valore** per chi li legge, atti a **dimostrare la competenza e la professionalità dell'azienda/professionista**: ovvero fare azioni di Brand e fidelizzazione sui Social Network.

Come far sapere, allora, che ho in atto una promozione?

Ogni tanto, a meno che la tua attività professionale principale non sia il commercio, puoi (e devi) anche postare tali contenuti, ma la soluzione migliore e più professionale è quella di attivare campagne di avvisi pubblicitari sui Social Network.

Con pochi euro (ma questo lo devi valutare in prima persona o facendoti guidare da un professionista specializzato) puoi realizzare efficaci promozioni online, senza "infastidire" e far "scappare" dal tuo profilo aziendale gli utenti.

Capitolo 10

Comunica, Comunica, Comunica... bene!

La base di tutto: la comunicazione!
Nei processi di acquisizione e fidelizzazione dei Clienti la base essenziale è la comunicazione.
Se non comunichi bene e nel modo giusto i tuoi risultati saranno scarsi o nulli.

Comunicare cosa e come?

L'utenza oggi cerca **valore e unicità**. Nella tua comunicazione verso l'esterno, quindi verso l'utenza interessata o fruente dei tuoi servizi/prodotti, devi sempre dimostrare la tua professionalità, la tua competenza, i tuoi valori... e devi farlo creando contenuti unici a te riconducibili.
Intendiamoci: non necessariamente devi scervellarti per trovare qualcosa di cui pochi tuoi competitors parlano (vedi comunicano), altrettanto non devi preoccuparti eccessivamente di addentrarti in argomenti inflazionati... spesso sono proprio gli argomenti che interessano alla tua utenza!

Fondamentale è comunicare, in ogni singolo argomento scelto, la tua professionalità e conoscenza, fornire i tuoi suggerimenti, le tue considerazioni professionali, ecc… **valorizzando**: chi riceve la tua comunicazione, l'articolo del tuo blog, i tuoi post sui Social Network ma anche la tua pubblicità non deve trovare un messaggio vuoto, non utile o scopiazzato da altre fonti, ma deve trovare **il tuo Brand che si esprime con forza ed unicità!**

> ➢ **Comunica in modo professionale, semplice ma non banale, discorsivo ma non ridicolo.**

Gli argomenti devono essere sempre legati al tuo settore, evitando il più possibile di addentrarti dentro argomenti di massa che esulano dal tuo profilo aziendale: ad esempio argomenti di politica, attualità, gossip, ecc… a meno che non abbiano un legame diretto con la tua realtà o con il tuo settore professionale, vanno sempre lasciati al di fuori della tua comunicazione sui canali ufficiali (potrai sempre utilizzare i tuoi profili personali, se proprio vorrai… anche se te lo sconsiglio vivamente).

Allo stesso modo **la comunicazione deve essere seria (non seriosa) e in linea con l'immagine che vuoi far passare del tuo Brand:** ad esempio i post su Facebook corredati eccessivamente di emoticon (faccine, cuoricini, ecc.) denotano poca professionalità… usali con molta parsimonia.

Cura le immagini ed i video: oggi la comunicazione è molto visiva poiché, ahimè, in pochissimi si soffermano a leggere. Quindi seleziona immagini di ottima qualità e risoluzione, che "parlino" da sole; realizza video ben fatti, non dozzinali e soprattutto vari.

Evita di parlare troppo di te: non far altro che autoelogiarsi, mostrare foto e video nel quale si fa sempre (e solo) vedere il proprio lavoro realizzato… possono portare qualche "mi piace" ma non è con i "mi piace" che ottieni Clienti paganti!

> **Dai valore, non cercare (sempre) di vendere qualcosa, non elogiarti, non svenderti e non svalutarti.**

Tutto questo condensato deve trasudare in ogni piccolo particolare della tua comunicazione, della tua immagine professionale, del tuo locale, dei tuoi dipendenti… ogni particolare è un piccolo biglietto da visita che distribuisci… ed ognuno di questi fa la differenza nell'acquisizione e fidelizzazione del singolo Cliente.

> **Comunica bene e tanto, ma senza esagerare!**

Se da un versante è fondamentale che il tuo Brand risuoni con frequenza, al fine di mantenere la posizione acquisita o accrescerla, dall'altro tartassare troppo (ancor di più con comunicazioni non utili ed esclusivamente commerciali) allontana l'utenza che identificherà i tuoi messaggi come spam: risultato perdita di posizionamento e di fatturato!

Capitolo 11

Io programmo… e tu?

Quando è stata l'ultima volta che hai realizzato una programmazione di marketing? E un'azione mirata all'acquisizione clienti, strutturata e facente parte di una programmazione strategica? E l'ultima di Fidelizzazione?

Se non sai di cosa ti sto parlando o pensi che queste "cose" le debbano fare solo le grandi e grandissime aziende, allora ti dico: sei sulla strada del fallimento!

Scusa se sono "brusco", ma è solo la verità… nuda e cruda!
Se vuoi che la tua attività prosperi, produca fatturati adeguati e ti faccia raggiungere i traguardi a te ambiti, allora non hai alternativa: oggi, non domani, devi dedicare tutto il tempo che serve a realizzare una seria pianificazione e programmazione in ambito marketing, definendone strategie e tattiche, i budget, i vari step, i risultati da raggiungere, le analisi, ecc.

"Aiuto!!!"… o quasi

Il tutto potrebbe essere estremamente complesso ma è importantissimo, quanto meno, realizzare una traccia ben strutturata sulla quale muoversi!

Senza programmazione significa muoversi al buio, lasciarsi guidare e non guidare; significa non avere nessuna indicazione se le azioni che si mettono in campo sono utili, sono in perdita o sono in attivo... significa perdere quotidianamente fette di mercato, Clienti e potenziali tali... come una goccia che cade da una guarnizione che non tiene bene, a lungo andare tutto il contenuto sarà andato disperso!

Come più volte ho detto le opzioni sono due: studiare, imparare, provare, analizzare, migliorare e ricominciare... oppure affidarsi ad un professionista per ottimizzare i risultati ed abbattere le spese.

L'importante è:

- **programmare (seriamente)**
- **realizzare quanto programmato (seriamente!)**

Capitolo 12

Racconto di una Fidelizzazione (programmata, strutturata, efficace, produttiva)

Sei giunto fin qui con me, attraverso questa sintesi che ti ha illustrato i principi ed alcuni metodi/strumenti che guidano il processo di Fidelizzazione del Cliente. Hai anche visto l'importanza della cura del Brand e del posizionamento, dell'UX e CX, della comunicazione e di tantissimi particolari che, se curati adeguatamente, agevolano anche il processo di nuove acquisizioni.

E' giunto adesso il momento di farti capire come, tutto quello di cui ho trattato fin adesso può essere realizzato.
Per farlo ho deciso di raccontarti una "storia", inventata nei personaggi ma che realmente accade giornalmente nelle realtà professionali del settore dei Servizi alla Persona, quando esse sono strutturate e rodate sui processi di Fidelizzazione ed Acquisizione dei Clienti.

Ovviamente starà a te, poi, approfondire ed applicare i concetti espressi fin qui e calarli nella tua realtà...

Paola ed il Centro Wellness SPA

La signora Paola, poco più che quarantenne, bell'aspetto, curata, sposata e con una figlia quasi maggiorenne. Impiegata d'ufficio presso un'azienda della sua cittadina, una realtà di poco più di 50.000 abitanti in prossimità di una grande città.

Paola è una donna che tiene al suo aspetto ed al suo benessere, e malgrado gli impegni lavorativi e familiari, con una certa regolarità frequenta varie aziende (parrucchiere, estetista, palestra, ecc.)…alcune di queste già da qualche anno.

Ultimamente però è insoddisfatta, poiché non trova più in alcune di quelle realtà quello di cui ha bisogno: alcune non si sono rinnovate nel tempo, in altre il personale è cambiato e non c'è proprio feeling… certo il vantaggio è che tutte sono a pochi isolati dalla sua abitazione o dal lavoro e che, spesso, applicano grandi sconti (anche se durante queste promozioni è difficile prendere un appuntamento perché tutti ci si lanciano come mosche sul miele!)

Ha necessità di rilassarsi e vorrebbe rifarsi le unghie, ultimamente ha trascurato le sue mani, ma non trova spazio presso la professionista dalla quale normalmente va a fare questi trattamenti.

Decide allora di fare una ricerca online per vedere se sul suo territorio trova qualcuno da cui andare.

Nella sua ricerca viene attratta da un annuncio pubblicitario… decide di approfondire e clicca sull'annuncio.

Arriva così sulla pagina d'atterraggio (Landing Page) del sito internet del Centro Wellness SPA, una media struttura multiservizi unisex che si trova ad una decina di chilometri dalla sua abitazione e circa 6 chilometri dal suo luogo di lavoro.

Il sito internet è ben fatto, gradevole e carica molto velocemente.

Comincia a spulciare le varie sezioni del sito (la pagina dedicata all'azienda, i contatti, il personale, ecc.).

Due sezioni in particolare la colpiscono: i servizi, tanti... forse anche troppi, sicuramente leggermente più cari di quanto lei spende abitualmente nei vari professionisti della quale è cliente.
Un'altra sezione che la incuriosisce è il blog: comincia a scorrere i vari articoli e trova alcuni argomenti decisamente interessanti, **tanto che alla fine si iscrive alla newsletter** del blog.

Vede anche una sezione del sito in cui sono presenti delle **recensioni** di alcuni Clienti, con tanto di nome e foto... tutte buone o addirittura ottime.

Non è convinta... non sempre è oro quello che luccica.

Decide quindi di approfondire e cerca sul web ulteriori recensioni... le trova e mediamente corrispondono a quello che aveva trovato sul sito del Centro tranne alcune critiche, pochissime a dir la verità, in merito al prezzo dei servizi... nota comunque che l'azienda ha risposto a tutte le recensioni, anche quelle critiche, con molto garbo.

Trova poi un profilo aziendale su Facebook... da uno sguardo e anche lì trova molta linearità con i contenuti trovati precedentemente.

Si decide e **fa una telefonata per prendere ulteriori informazioni e vedere se, eventualmente, riesce a fissare un appuntamento per il giorno dopo**. Risponde una ragazza che con molta cortesia e garbo le fornisce tutte le informazioni del caso e le conferma la disponibilità per un appuntamento.

Il giorno dopo Paola, all'uscita da lavoro, si reca presso il Centro.

L'esterno è gradevole, pulito ed ordinato... la stessa cosa la nota quando entra e si avvicina al bancone. Viene subito accolta, le danno un modulo da compilare e dopo pochi minuti viene accompagnata nel locale dove le eseguono il servizio richiesto.

Quando finisce, prima d'andar via viene accompagnata nuovamente alla reception dove l'addetto, con molto garbo e cortesia, accertandosi che la sua permanenza sia stata di suo gradimento, le fa pagare la tariffa già annunciata telefonicamente e, salutandola le consegna una piccola brochure della struttura.

Paola va via estremamente soddisfatta: è stata coccolata tutto il tempo e, benché avesse pagato poco più rispetto al centro dove si è sempre recata non può proprio lamentarsi... anzi!

Dopo una decina di giorni Paola torna nuovamente presso il Centro Wellness SPA... e riceve lo stesso, medesimo, trattamento.

Intanto ha già ricevuto la sua prima newsletter settimanale.

Passano le settimane... i mesi: Paola ormai è una Cliente fissa del Centro; in più man mano, oltre a prendere confidenza con il personale e su suggerimento degli stessi ha provato altri servizi professionali trovandosi molto bene... **ogni volta che va via è sempre soddisfatta.**

Il Centro nel tempo, oltre ai dati ed i dettagli raccolti nei moduli d'accesso, **ha anche raccolto tantissime informazioni molto utili** fornite da Paola durante le "chiacchere" con i dipendenti (informazioni tutte poi inserite nel CRM del Centro).

Durante queste conversazioni Paola ha detto (informazioni captate ed utilizzate) che suo marito, Giuseppe, è un dirigente d'azienda, cinquantenne, che a causa del suo lavoro torna sempre a casa stanco e "muscolarmente contratto"; altra informazione fornita da Paola è che sua figlia, Nadia, diciasettenne, è molto attenta al suo look ed al suo aspetto.

Ecco allora che un giorno Paola vede recapitarsi una email, inviata dal Centro, totalmente diversa dalla solita newsletter settimanale... questa comunicazione è **totalmente personalizzata, indirizzata esclusivamente a lei ed ai suoi familiari.**

Nella comunicazione **il Centro, ringraziando Paola della sua fedeltà (come Cliente)** la omaggia di un regalo: una seduta gratuita per un massaggio decontratturante destinata a suo marito Giuseppe ed un taglio e messa-in-piega gratuito per sua figlia Nadia... da realizzare entro 15 giorni dal ricevimento della email.

Paola, già molto soddisfatta del Centro, non fatica molto a far prenotare ai propri familiari i servizi gratuiti offerti... i servizi sono ottimi, in questo caso anche gratuiti e quale migliore occasione per fare qualcosa insieme con i suoi familiari?

Giuseppe e Nadia escono soddisfatti dai servizi ricevuti, lasciano i loro dati al Centro e... in breve tempo diventano anche loro Clienti paganti... Clienti inseriti nel processo di fidelizzazione del Centro, con tutti i benefici che ciò comporta, per tutte le parti coinvolte.

Cosa ti insegna questo racconto?

Come hai notato un potenziale cliente riesce ad arrivare a te non solo perché lo hai "cercato" ma perché hai inizialmente soddisfatto, nel primo approccio (ancor prima di essere fisicamente contattato) le sue necessità ed i suoi bisogni. Poi hai confermato le aspettative, il tutto senza bisogno di fare sconti e promozioni svilenti a livello professionale.

Il Cliente è stato poi fidelizzato utilizzando la professionalità, la cortesia, il rispetto, la cura dei particolari, le "coccole" che sembrano "esclusive".
Al momento giusto, grazie alle informazioni raccolte ed inserite nel CRM, quando il Centro ha deciso di attivare un'azione fidelizzante mirata all'acquisizione di nuovi potenziali clienti ecco che ha fatto un investimento: ha offerto dei servizi ai familiari di Paola, sfruttando il suo fiero ruolo di ambassador; **questi sono stati offerti gratuitamente!**

Perché?

Per il Centro non è una gran perdita economica omaggiare due servizi... corrisponde ad un piccolissimo investimento che potrebbe far acquisire due nuovi Clienti (ricordi il LifeTime Value?); inoltre non ha svalutato il proprio Brand e non ha compromesso il proprio posizionamento rispetto alla classifica personale di Paola, in quanto l'omaggio era diretto e non di massa... un'ulteriore coccola e non una sensazione di "mungitura" del Cliente.

Come dicevo in precedenza, tutto deve essere totalmente contestualizzato alla tua realtà... proprio per questo non ti ho fornito "formulette magiche" e "promesse mirabolanti"!
Ogni realtà, per le proprie caratteristiche, necessita di programmazioni, strumenti e metodi di fidelizzazione ed acquisizione clienti assolutamente personalizzati.

E adesso?

Adesso non posso che augurarti un buon approfondimento: ti ho fornito l'infarinatura, sta a te approfondire ulteriormente, senza perdere tempo, come avviare subito delle azioni professionali profittevoli per la tua realtà.
Inutile dire che se hai necessità di una mano professionale, io ci sono!
Nel successivo "capitolo" troverai i miei contatti.

Buona Fidelizzazione e buon lavoro!

Note Biografiche

"Questo sono Io: la Famiglia, il Marketing, la Lettura, lo Sport, la Natura… ed un buon bicchiere di ottima birra scura!
Passioni che si fondono… what else?" – Salvo Piccolo

Oltre 15 anni di studio ed esperienza diretta in ambito Marketing, sempre in movimento dal Sud al Nord Italia, rivestendo vari ruoli e posizioni: da dipendente a titolare d'azienda, da socio di società a libero professionista… sempre con la caratteristica di una doppia visione: il punto di vista del binomio azienda-prodotto/servizio in correlazione con il punto di vista del Cliente!

Specializzato nel Marketing online ed offline.
Titolare di certificazioni Google
Docente, relatore ed organizzatore di Corsi e Seminari in ambito Fidelizzazione ed Acquisizione Clienti.
Attività di Marketing Territoriale online ed offline
Pianificazione di Campagne Adv conto terzi
… potrei andare avanti così, a lungo, ma non serve!

Buon lavoro e buona vita!

Salvo Piccolo

www.ingramcontent.com/pod-product-compliance
Lightning Source LLC
Chambersburg PA
CBHW052335220526
45472CB00001B/436